精细化学品生产技术专业（群）重点建设教材
国家骨干高职院校项目建设成果

生化分离技术

主　　编　张惠燕

副 主 编　陈　郁　朱　军

参编人员　于文博　朱海东

　　　　　　俞卫平　饶君凤

ZHEJIANG UNIVERSITY PRESS
浙江大学出版社

图书在版编目(CIP)数据

生化分离技术 /张惠燕主编. —杭州:浙江大学
出版社,2015.1(2024.10 重印)
ISBN 978-7-308-14272-4

Ⅰ.①生… Ⅱ.①张… Ⅲ.①生物化学—分离—教材
Ⅳ.①TQ033

中国版本图书馆 CIP 数据核字(2014)第 303534 号

生化分离技术

张惠燕 主编

责任编辑	石国华	
封面设计	刘依群	
出版发行	浙江大学出版社	
	(杭州市天目山路 148 号 邮政编码 310007)	
	(网址:http://www.zjupress.com)	
排 版	杭州星云光电图文制作有限公司	
印 刷	广东虎彩云印刷有限公司绍兴分公司	
开 本	710mm×1000mm 1/16	
印 张	9.75	
字 数	197 千	
版 印 次	2015 年 1 月第 1 版 2024 年 10 月第 3 次印刷	
书 号	ISBN 978-7-308-14272-4	
定 价	25.00 元	

浙江大学出版社市场运营中心联系方式:0571-88925591;http://zjdxcbs.tmall.com

丛书编委会

总　序

　　2008年,杭州职业技术学院提出了"重构课堂、联通岗位、双师共育、校企联动"的教改思路,拉开了教学改革的序幕。2010年,学校成功申报为国家骨干高职院校建设单位,倡导课堂教学形态改革与创新,大力推行项目导向、任务驱动、教学做合一的教学模式改革与相应课程建设,与行业企业合作共同开发紧密结合生产实际的优质核心课程和校本教材、活页教材,取得了一定成效。精细化学品生产技术专业(群)是骨干校重点建设专业之一,也是浙江省优势专业建设项目之一。在近几年实施课程建设与教学改革的基础上,组织骨干教师和行业企业技术人员共同编写了与专业课程配套的校本教材,几经试用与修改,现正式编印出版,是学校国家骨干校建设项目和浙江省优势专业建设项目的教研成果之一。

　　教材是学生学习的主要工具,也是教师教学的主要载体。好的教材能够提纲挈领,举一反三,授人以渔。而工学结合的项目化教材则要求更高,不仅要有广深的理论,更要有鲜活的案例、科学的课题设计以及可行的教学方法与手段。编者们在编写的过程中以自身教学实践为基础,吸取了相关教材的经验并结合时代特征而有所创新,使教材内容与经济社会发展需求的动态一致。

　　本套教材在内容取舍上摒弃求全、求系统的传统,在结构序化上,首先明确学习目标,随之是任务描述、任务实施步骤,再是结合任务需要进行知识拓展,体现了知识、技能、素质有机融合的设计思路。

　　本套教材涉及精细化学品生产技术、生物制药技术、环境监测与治理技术3个专业共9门课程,由浙江大学出版社出版发行。在此,对参与本套教材的编审人员及提供帮助的企业表示衷心的感谢。

　　限于专业类型、课程性质、教学条件以及编者的经验与能力,难免存在不妥之处,敬请专家、同仁提出宝贵意见。

谢萍华

2014 年 12 月

前　言

　　随着生物工程技术的飞速发展,作为生物工程学科中必不可少的生化分离技术也得到了迅猛的发展,出现了许多适合大分子生化物质分离纯化的新技术,如膜技术、萃取技术和层析技术等,其技术水平对于保持和提高各国在生物技术领域的竞争力具有至关重要的作用。本教材打破了传统的按章节讲授理论知识的教材体系,根据高职教育的教学模式和人才培养目标要求,以服务为宗旨,以就业为导向,突出"在做中学、在学中做"的特点,理论知识以"必需、够用"为原则,按岗位职业能力为目标,实行项目化教学的特点进行编写。

　　本教材编写者在多年教学实践和课程建设工作的基础上,总结教学改革和科研成果,认真编写了相关内容,以奉献给对生物工程、生化分离技术感兴趣的师生读者。本书内容涉及面广,不仅包括了目前应用较多的传统分离技术,也包括了近年来发展起来的各种新技术和新方法。全书共分八个部分,编写分工如下:绪论(饶君凤副教授);项目一利用固相析出技术(沉淀及结晶)对物质进行分离(朱海东讲师);项目二利用萃取及浓缩技术对物质进行分离(陈郁教授);项目三利用膜分离技术对物质进行分离及综合项目蔗糖酶的分离纯化及活力测定(张惠燕副教授);项目四利用吸附及离子交换技术对物质进行分离(朱军讲师);项目五利用层析技术对物质进行分离(俞卫平讲师);项目六利用蒸发和干燥技术对物质进行分离(于文博讲师)。

　　在本书的编写过程中,我们参考了大量的相关文献,得到了浙江大学出版社的大力支持和帮助,在此表示衷心的感谢!

　　由于生化分离技术发展迅速和高职高专教学模式正在进行改革试点,故教材编写难度很大,又由于编者水平有限,内容难免存在不妥之处,敬请广大读者和同仁批评指正。

编　者

2014 年 12 月

目　　录

绪　论

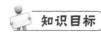 知识目标

熟悉分离纯化技术、生化分离技术的含义；
了解生化分离技术的特点和重要性；
了解学习生化分离技术的目的；
熟悉生化分离技术的基本步骤；
熟悉生化分离技术的基本原理和类别；
了解生化分离技术的发展历史和发展趋势。

一、生化分离技术概述

(一)分离纯化技术的含义

分离纯化过程就是通过物理、化学或生物等手段，或将这些方法结合，将某混合物系分离纯化成两个或多个彼此不同的产物的过程。通俗地讲，就是将某种或某类物质从复杂的混合物中分离出来，被分离纯化的混合物可以是原料、反应产物、中间体、天然产物、生物下游产物或废物料等。在工业中通过适当的技术手段与装备，耗费一定的能量来实现混合物的分离过程，研究实现这一分离纯化过程的科学技术称为分离纯化技术。

(二)生化分离技术的含义

生化分离技术是指从含有目标产物的发酵液、酶反应液或动植物细胞培养液中，提取、精制并加工制成高纯度的、符合规定要求的各种生物技术产品的技术，又称为下游加工技术。有别于一般的化学分离过程，它是依据生物技术产品的特殊性而采取的一定技术处理手段的加工过程。

(三)生物技术产品的种类和来源

种类：氨基酸及其衍生物类、活性多肽类、蛋白质、酶类、核酸及其降解物、糖、脂类、动物器官或组织制剂、小动物制剂、菌体制剂。

来源：动物器官与组织、植物器官与组织、微生物及其代谢产物、细胞培养产物、血液、分泌物及其代谢物。

(四)生化分离技术的特点

1. 产物稳定性差

利用生化分离技术得到的产物为满足其生物活性的要求,易变质、易失活、易变性,对温度、pH 值、重金属离子、有机溶剂、剪切力、表面张力等非常敏感,在高温、pH、金属离子等环境下会变性;同时,也增加了分离的难度。

2. 组分复杂

原料液中常存在与目标分子形成难分离的混合物,因此要求利用特殊高效分离技术纯化产品。

3. 对最终产品的质量要求很高

很多情况下,特别是药品和作为生物试剂用的产品,与人类生命息息相关,因此对其纯度的要求很高。

4. 成本高

原料液中目标产物的浓度一般都很低,提取时所耗费的能量越大,费用也就越高,产品的价格也越高。

(五)生化分离技术的重要性

生物技术产品一般存在于一个复杂的多相体系中。唯有经过分离和纯化等下游加工过程,才能制得符合使用要求的产品。因此产品的分离纯化是生物技术工业化的必需手段。在生物产品的开发研究中,分离过程的费用占全部研究费用的 50％以上;在产品的成本构成中,分离与纯化部分占总成本的 40％～80％;精细、药用产品的比例更高达 70％～90％。显然开发新的分离和纯化工艺是提高经济效益或减少投资的重要途径。

(六)学习生化分离技术的目的

生化分离技术是实现生物工程产业化的关键。通过本课程的学习,对当前生化分离技术领域的大分子物质提取、分离及纯化技术、沉淀技术、浓缩技术、膜分离技术、生物反应器技术、各种色谱技术、各种电泳技术等有较全面、较详细的了解,并掌握一些主要技术的方案设计和实际操作。

二、生化分离的一般步骤

一般说来,生化分离过程主要包括四个方面:①原料液的预处理和固液分离,常用加热、调 pH、凝聚和絮凝等方法;②初步纯化(提取),主要任务是提高产品的浓度和质量,常用沉淀、吸附、萃取、超滤等单元操作;③高度纯化(精制),去除与产品有类似化学性质和物理性质的杂质,大大提高产品的纯度,常选用色谱分离技术;④成品加工,有浓缩、结晶和干燥等技术。如图 0-1 所示。

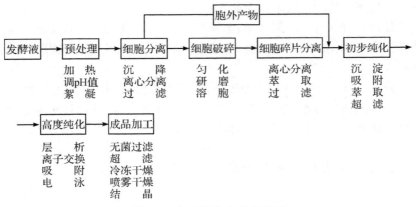

图 0-1　分离纯化的基本步骤

三、分离纯化基本原理

分离纯化的基本原理主要是依据混合物中不同组分间物理、化学和生物学性质的差别,即不同组分间离心力、分子大小(筛分)、浓度差、压力差、电荷效应、吸附作用、静电作用、亲和作用、疏水作用、溶解度、平衡分离等差别,利用能够识别这些差别的分离介质或扩大这些差别的分离设备来实现组分间的分离或目标产物的纯化。如表 0-1 所示。

表 0-1　分离纯化基本原理

原理	分离纯化技术	产物举例
带电性	电泳	蛋白质、核酸、氨基酸
	离子交换色谱	氨基酸、有机酸、抗生素、蛋白质、核酸
	等电点沉淀	蛋白质、氨基酸
化学性质	电渗析	氨基酸、有机酸、盐、水
	离子交换色谱	氨基酸、有机酸、抗生素、蛋白质、核酸
	亲和色谱	蛋白质、核酸
生物功能 特性	亲和色谱	蛋白质、核酸
	疏水色谱	蛋白质、核酸
分子大小 形状	离心	菌体、细胞碎片、蛋白质
	超滤	蛋白质、多醣、抗生素
	微滤	菌体、细胞
	透析	尿素、盐、蛋白质
	渗析	氨基酸、有机酸、盐、水
	凝胶色谱	盐、分子大小不同的蛋白质
溶解度 挥发性	萃取	氨基酸、有机酸、抗生素、蛋白质、香料
	盐析	蛋白质、核酸
	结晶	氨基酸、有机酸、抗生素、蛋白质
	蒸馏	乙醇、香精
	等电点沉淀	蛋白质、氨基酸
	有机溶剂沉淀	蛋白质、核酸

各种分离纯化技术可简单归类如下：

沉淀分离：盐析、有机溶剂沉淀、选择性变性沉淀、非离子聚合物沉淀等。

层析分离：吸附层析、凝胶层析、离子交换层析、疏水层析、反相层析、亲和层析及层析聚焦等。

电泳分离：SDS—聚丙烯酰胺凝胶电泳、等电聚焦、双向电泳、毛细管电泳等。

离心分离：低速、高速、超速（差速离心、密度梯度）离心分离技术等。

膜分离技术：透析、微滤、超滤、纳滤、反渗透等。

四、生化分离技术发展的历史

（一）古代酿造业

最早的生物技术可追溯到古老的酿造业，包括酿酒、制酱（油）、醋、酸奶和干酪等，都是家庭作坊式的，产物基本不经过后处理而直接使用。

（二）原始分离纯化时期（第一代生物技术产品）

主要指 19 世纪 60 年代到 20 世纪 40 年代青霉素等抗生素出现之前的生物技术产业。从 19 世纪 60 年代起，人们搞清了微生物是引起发酵的原因，开发了纯种培养技术，并逐步开发了发酵法生产酒精、丙酮等产品的生产技术，生产以经验为主，称为手工业式的第一代生物技术。

（三）传统分离纯化方法推广使用时期（传统第二代生物技术产品）

第二代生物技术产品出现在 20 世纪 40 年代，随着青霉素、链霉素等抗生素工业生产的扩大、化工单元操作的引进，酿造业逐渐扩展成为发酵产业。产品类型开始增多，不但有初级代谢产物，还出现了次级代谢产物，产品的多样性对分离纯化提出了更高的要求，出现了离子交换色谱及电泳技术。

（四）快速发展时期（第三代生物技术产品）

20 世纪 70 年代中期以来，随着重组 DNA 技术即基因工程技术和细胞融合技术等现代生物技术的飞速发展，推动了第三代生物技术的发展，使天然存在的极微量的生物物质得以通过大量细胞培养进行商业规模生产，也使生物产物从原料到产品的发展，由低成本、高收率地纯化目标产物成为现实。

五、生化分离技术的发展趋势

（一）多种分离、纯化技术相结合

膜分离与亲和配基、离子交换基团相结合，形成了亲和膜过滤技术。

离心分离与膜分离过程结合,形成了膜离心分离过程。这类将两种及以上的技术的优势结合,往往具有选择性好、分离效率高、步骤简化、能耗低等优点。

(二)生化分离技术(下游技术)与发酵工艺(上游技术)相结合

它是指上游技术和下游技术的改良要紧密联系,通过改进上游因素,简化下游分离提取过程;把发酵—分离作为一个偶合的过程来进行。

(三)生化分离技术规模化工程问题的研究

它是指生物技术产品的工业化往往需要将实验室技术进行放大,借助化学工程中基本理论,结合生化分离过程特点,研究大型生化分离装置中的流变学特性、热量和质量传递规律,改善设备结构,掌握放大方法,最终提高分离的目的。

自测训练

一、选择题(单选或多选)

1.青霉素等抗生素生物技术产品属于( )。
   A. 第一代生物技术产品   B. 第二代生物技术产品
   C. 第三代生物技术产品   D. 第四代生物技术产品

2.利用等电性原理进行的分离纯化技术有( )。
   A. 电泳   B. 离子交换色谱   C. 电渗析   D. 等电点沉淀

3.离子交换色谱可利用其( )原理进行分离。
   A. 带电性   B. 分子大小、形状
   C. 化学性质   D. 生物功能特性

4.在精制环节,经常采用的分离纯化技术是( )。
   A. 结晶   B. 膜分离技术
   C. 色谱分离技术   D. 沉淀

二、问答题

1.生化分离技术的含义是什么?

2.生化分离技术的特点有哪些?

3.生化分离的一般步骤包括哪些环节及技术?

参考文献

[1]严希康主编.生化分离工程.北京:化学工业出版社,2001.

[2]俞俊棠主编.新编生物工艺学.北京:化学工业出版社,2003.

[3]孙彦主编.生物分离工程.北京:化学工业出版社,2005.

[4]刘国诠主编.生物工程下游技术(第二版).北京:化学工业出版社,2003.

[5]欧阳平凯,胡永红主编.生物分离原理及技术.北京:化学工业出版社,1999.

项目一　利用固相析出技术(沉淀及结晶)对物质进行分离

知识目标

固相析出技术的定义和特点；

常见的固相析出技术方法及原理；

固相析出技术的应用。

能力目标

了解固相析出技术特点及其在行业企业中的地位；

能根据不同情况选择固相析出技术方法；

能比较好地分析出现问题的原因；

能熟练解决生产中固相析出技术过程碰到的困难。

素质目标

能独立完成规定的分离要求；

培养诚实守信、吃苦耐劳的品德；

实事求是，不抄袭、不编造数据；

具有良好的团队意识和沟通能力，能进行良好的团队合作；

具有良好的5S管理意识和安全意识。

第一节　固相析出技术概述

固相析出分离法是指生化物质目的物经常作为溶质存在于溶液中，通过改变溶液条件，使它以固体形式从溶液中分离的操作技术。固相析出法是最古老的分离和纯化生物物质的方法，但目前仍广泛应用在工业上和实验室中。该分离技术常在发酵液经过过滤和离心(除去不溶性杂质及细胞碎片)以后进行，得到的沉析物可直接干燥制得成品或经进一步提纯，如透析、超滤、层析或结晶制得高纯度生化产品。固相析出法不仅用于实验室中，因其不需专门设备，且易于放大，也广泛用于生产的制备过程，是分离纯化生物大分子，特别是制备蛋白质和酶时最常用的方法。该法具有操作简单、经济、浓缩倍数高的优点，但在针对复杂体系的时候，存在分离度不高、选择性不强的缺点。

第二节 任务书

表 1-1 "牛奶中分离酪蛋白和乳糖"项目任务书

工作任务	利用固相析出技术,从牛奶中分离获得酪蛋白和乳糖
任务描述	牛奶中主要的蛋白质是酪蛋白,含量约为 35g/L。酪蛋白在乳中是以酪蛋白酸钙-磷酸钙复合体胶粒存在。胶粒直径约为 20~800nm,平均为 100nm。在酸或凝乳酶的作用下酪蛋白会沉淀,加工后可制得干酪或干酪素。本项目中利用加酸,调节牛奶的 pH 值达到酪蛋白等电点 pI=4.7 时,蛋白质所带正、负电荷相等,呈电中性,此时酪蛋白的溶解度最小,酪蛋白将以沉淀的形式从牛奶中析出。 牛奶中含有 40%~60% 的乳糖,乳糖是一种二糖,它由一分子半乳糖及一分子葡萄糖通过 β-1,4-糖苷键连接,乳糖是还原性二糖。脱脂乳中除去酪蛋白后剩下的液体为乳清,在乳清中含有乳白蛋白和乳球蛋白,还有溶解状态的乳糖,乳中糖类的 99.8% 以上是乳糖,可通过浓缩、结晶制取乳糖。
目标要求	通过本工作任务的学习,能掌握沉淀和结晶等相关的固相析出方法和原理,熟练运用相关技术,解决固相析出过程中存在的问题,成功地从牛奶中提取酪蛋白和乳糖等物质。
操作人员	生物制药技术专业学生分组进行实训,教师考核检查。

表 1-2 "动物肝脏 DNA 的提取"项目任务书

工作任务	利用固相析出技术,提取动物肝脏中的 DNA
任务描述	在浓氯化钠(1~2mol/L)溶液中,脱氧核糖核蛋白的溶解度很大,核糖核蛋白的溶解度很小。在稀氯化钠(0.14mol/L)溶液中,脱氧核糖核蛋白的溶解度很小,核糖核蛋白的溶解度很大。因此,可利用不同浓度的氯化钠溶液,将脱氧核糖核蛋白和核糖核蛋白从样品中分别抽提出来。 将抽提得到的核蛋白用 SDS(十二烷基磺酸钠)处理,DNA(或 RNA)即与蛋白质分开,可用氯仿-异戊醇将蛋白质沉淀除去,而 DNA 则溶解于溶液中。向溶液中加入适量乙醇,DNA 即析出。为了防止 DNA(或 RNA)酶解,提取时加 EDTA(乙二胺四乙酸)。
目标要求	通过本工作任务的学习,能掌握沉淀和结晶等相关的固相析出方法和原理,熟练运用相关技术,解决固相析出过程中存在的问题,成功地从动物肝脏中提取 DNA。
操作人员	生物制药技术专业学生分组进行实训,教师考核检查。

第三节 知识介绍

　　固相析出技术主要分为两种:一是沉淀法;二是结晶法。两种方法的区别在于:前者在固相析出过程中,析出物为无定形固体;后者在固相析出过程中,析出物为晶体。而沉淀法按照使用方法不同主要有盐析法、有机溶剂沉淀法、等电点沉淀法等。现对以上涉及的各种固相析出技术分别做介绍。

一、盐析法

盐析法是利用各种生物分子在浓盐溶液中溶解度的差异,通过向溶液中引入一定数量的中性盐,使目的物或杂蛋白以沉淀析出,达到纯化目的的方法。该法具有简单、经济、容易操作等优点;但也存在分辨率不高,沉淀含大量盐析剂,要除盐等缺点。血浆的盐析法如图1-1所示。

```
          血浆
           │
           │  硫酸铵饱和浓度为30%
           ↓
      离心后取上清液
           │
           │  硫酸铵饱和浓度为33%
           ↓
     沉淀(γ-球蛋白)
```

图1-1　血浆的盐析

盐析法存在两种不同的现象:一种称为盐溶,指的是在低盐情况下,随着盐离子强度的增高,蛋白质溶解度逐步增大。另一种称为盐析,指的是在高盐条件下,随着盐离子强度增加,蛋白质溶解度逐步减小析出。

(一)盐析法基本原理

盐析法主要通过破坏蛋白质等物质的双电层和水化层,从而达到使目的物质逐步析出的方法。破坏双电层一般是指在高盐溶液中,带大量电荷的盐离子中和蛋白质表面的电荷,使蛋白质分子之间电排斥作用相互减弱而能相互聚集起来。而破坏水化层一般指中性盐的亲水性比蛋白质大,盐离子在水中发生水化而使蛋白质脱去了水化膜,暴露出疏水区域,由于疏水区域的相互作用,使其沉淀。盐析法的基本原理见图1-2。

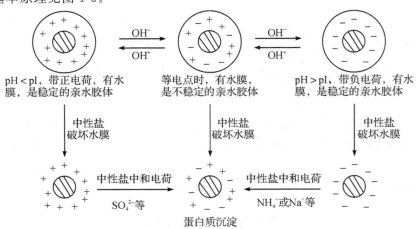

图1-2　盐析法的基本原理

如图1-3所示,盐离子浓度与蛋白质溶解度关系曲线,在盐析区,符合公式

$$\log S = \beta - K_s \mu。$$

其中:S——蛋白质溶解度(g/L);

μ——盐离子强度，$\mu = 0.5\sum_{i}C_{i}Z_{i}^{2}$，其中，$C_{i}$ 为 i 离子浓度(mol/L)，Z_{i} 为 i 离子化合价；

β——常数，为纵坐标上的截距；

K_{s}——盐析常数。

如上所示，盐析法存在两种操作情况：

(1)在一定的 pH 和温度下改变离子强度(盐浓度)进行盐析，称作 K_{s} 盐析法。

由于蛋白质对离子强度的变化非常敏感，易产生共沉淀现象，因此常用于提取液的前处理。

(2)在一定离子强度下仅改变 pH 和温度进行盐析，称作 β 盐析法。

由于溶质溶解度变化缓慢，且变化幅度小，因此分辨率更高，常用于后期分离(结晶)。

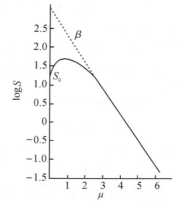

图 1-3　盐离子强度与蛋白质溶解度关系曲线

(二)影响盐析的因素

1. 无机盐的种类

在相同离子强度下，盐的种类对蛋白质溶解度的影响有一定差异，一般的规律为：半径小的高价离子的盐析作用较强，半径大的低价离子作用较弱。比如：

阴离子盐析效果：柠檬酸＞PO_{4}^{3-}＞SO_{4}^{2-}＞$CH_{3}COO^{-}$＞Cl^{-}＞NO_{3}^{-}＞SCN^{-}

阳离子盐析效果：NH_{4}^{+}＞K^{+}＞Na^{+}＞高价阳离子，而阴离子的影响大于阳离子。

具体选择盐析用盐的时候一般考虑几个方面：盐析作用要强；盐析用盐需有较大的溶解度；盐析用盐必须是惰性的；来源丰富、经济。盐析中常用的盐：硫酸铵、硫酸钠、磷酸钾、磷酸钠。而其中，硫酸铵是最常用的蛋白质盐析沉淀剂，具有价廉、溶解度大、温度系数小、许多蛋白质可以盐析出来、硫酸铵分段盐析效果也比其他盐好、不易引起蛋白质变性等优点。当然，实际应用的时候，也存在水解变酸、高 pH 释氨、腐蚀、残留产品有影响等缺点。

2. 蛋白质的浓度

中性盐沉淀蛋白质时，溶液中蛋白质的实际浓度对分离的效果有较大的影响。通常高浓度的蛋白质用稍低的硫酸铵饱和度即可将其沉淀下来，但若蛋白质浓度过高，则易产生各种蛋白质的共沉淀作用，除杂蛋白的效果会明显下降。对低浓度的蛋白质，要使用更大的硫酸铵饱和度，这样共沉淀作用小，分离纯化效果较好，但回收率会降低。通常认为比较适中的蛋白质浓度是 2.5%～3.0%，相当于 25～30mg/mL。

3. pH 值

蛋白质所带净电荷越多，它的溶解度就越大。改变 pH 值可改变蛋白质的带电性质，因而就改变了蛋白质的溶解度。远离等电点处溶解度大，在等电点处溶解度小，因此用中性盐沉淀蛋白质时，pH 值常选在该蛋白质的等电点附近。

4.温度

温度是影响溶解度的重要因素,对于多数无机盐和小分子有机物,温度升高溶解度加大,但对于蛋白质、酶和多肽等生物大分子,在高离子强度溶液中,温度升高,它们的溶解度反而减小。在低离子强度溶液或纯水中蛋白质的溶解度大多数还是随温度升高而增加的。在一般情况下,对蛋白质盐析的温度要求不严格,可在室温下进行。但对于某些对温度敏感的酶,要求在0~4℃下操作,以避免活力丧失。

(三)盐析法的操作

1.盐析用盐的浓度表示

硫酸铵的加入有以下几种方法:

(1)加入固体盐法:用于要求饱和度较高而不增大溶液体积的情况;工业上常采用这种方法,加入速度不能太快,应分批加入,并充分搅拌,使其完全溶解和防止局部浓度过高。

(2)加入饱和溶液法:用于要求饱和度不高而原来溶液体积不大的情况;它可防止局部过浓,但加量较多时,料液会被稀释。

(3)透析平衡法:先将盐析的样品装于透析袋中,然后浸入饱和硫酸铵中进行透析,袋内饱和度逐渐提高,达到设定浓度后,目的蛋白析出。该法优点在于硫酸铵浓度变化有连续性,盐析效果好,但程序烦琐,故多用于结晶。

盐析用盐量通常用饱和度来表征。饱和度(Saturation)的概念,以硫酸铵为例:25℃时,硫酸铵的饱和浓度是767g/L定义为100%饱和度。进行具体目标蛋白质的盐析沉淀操作之前,所需的硫酸铵浓度或饱和浓度可通过实验确定;对多数蛋白质而言,当达到85%饱和度时,溶解度都小于0.1mg/L,通常为兼顾收率与纯度,饱和度的操作范围在40%~60%。硫酸铵溶液饱和度计算见表1-3。

表1-3　硫酸铵溶液饱和度计算

硫酸铵起始浓度饱和度(%)	硫酸铵最终浓度饱和度(%)																
	10	20	25	30	33	35	40	45	50	55	60	65	70	75	80	90	100
	每升溶液需加入固体硫酸铵的克数																
0	56	114	144	176	196	209	243	277	313	351	390	430	472	516	561	662	767
10		57	86	118	137	150	183	216	251	288	326	365	406	449	494	592	694
20			29	59	78	91	123	155	189	225	262	300	340	382	424	520	619
25				30	49	61	93	125	158	193	230	267	307	348	390	485	588
30					19	30	62	94	127	162	198	235	273	314	356	449	546
33						12	43	74	107	142	177	214	252	292	333	426	522
35							31	63	94	129	164	200	238	278	319	411	506
40								31	63	97	132	168	205	245	285	375	469
45									31	65	99	134	171	210	250	339	431
50										33	66	101	137	176	214	302	392
55											33	67	103	141	179	264	353
60												34	69	105	143	227	314
65													34	70	107	190	275
70														35	72	153	237
75															36	115	198
80																77	157
95																	79

2. 盐析曲线的制作

如果要分离一种新的蛋白质和酶,没有文献数据可以借鉴,则应先确定沉淀该物质的硫酸铵饱和度。具体操作方法如下:

取已定量测定蛋白质或酶的活性与浓度的待分离样品溶液,冷至 0~5℃,调至该蛋白质稳定的 pH 值,分 6~10 次分别加入不同量的硫酸铵,第一次加硫酸铵至蛋白质溶液刚开始出现沉淀时,记下所加硫酸铵的量,这是盐析曲线的起点。继续加硫酸铵至溶液微微混浊时,静止一段时间,离心得到第一个沉淀级分,然后取上清再加至混浊,离心得到第二个级分,如此连续可得到 6~10 个级分,按照每次加入硫酸铵的量,在附录中查出相应的硫酸铵饱和度。将每一级分沉淀物分别溶解在一定体积的适宜的 pH 缓冲液中,测定其蛋白质含量和酶活力。以每个级分的蛋白质含量和酶活力对硫酸铵饱和度作图,即可得到盐析曲线。

(四)盐析注意事项

(1)加固体硫酸铵时,必须注意表中的温度。

(2)分段盐析时,要考虑到每次分段后蛋白质浓度的变化。

(3)盐析条件如 pH 值、温度和硫酸铵的纯度都必须严格控制。

(4)盐析后一般要放置 0.5~1h。

(5)盐析过程中,搅拌必须规则和温和。

(6)反应至少应在 50mmol/L 缓冲溶液中进行。

二、有机溶剂沉淀法

有机溶剂沉淀法指的是在含有溶质的水溶液中加入一定量亲水的有机溶剂,降低溶质的溶解度,使其沉淀析出。有机溶剂对于许多蛋白质(酶)、核酸、多糖和小分子生化物质都能发生沉淀作用,是较早使用的沉淀方法之一。

它的优点主要有:①分辨能力比盐析法高,即蛋白质等只在一个比较窄的有机溶剂浓度下沉淀;②溶剂易除去;③沉淀不用脱盐,过滤较为容易。

具体使用的时候也存在缺点,比如:①对具有生物活性的大分子容易引起变性失活;②操作要求在低温下进行;③成本高,需防火防爆。总体来说,蛋白质和酶的有机溶剂沉淀法不如盐析法普遍。

(一)基本原理

使用有机溶剂沉淀法进行分离主要基于以下两个方面的原理。

(1)降低了介质的介电常数,使溶质分子之间的静电引力增加,聚集形成沉淀。一些溶剂的介电常数见表 1-4。溶剂的极性与其介电常数密切相关,极性越大,介电常数越大,如 20℃时水的介电常数为 80,而乙醇和丙酮的介电常数分别是 24 和

21.4,因而向溶液中加入有机溶剂能降低溶液的介电常数,减小溶剂的极性,从而削弱了溶剂分子与蛋白质分子间的相互作用力,增加了蛋白质分子间的相互作用,导致蛋白质溶解度降低而沉淀。溶液介电常数的减少就意味着溶质分子异性电荷库仑引力的增加,使带电溶质分子更易互相吸引而凝集,从而发生沉淀。

(2)水溶性有机溶剂本身的水合作用降低了自由水的浓度,压缩了亲水溶质分子表面原有水化层的厚度,降低了它的亲水性,导致脱水凝集。

表 1-4　一些溶剂的介电常数

溶　剂	介电常数	溶　剂	介电常数
水	80	2.5mol/L 尿素	84
20%乙醇	70	5mol/L 尿素	91
40%乙醇	60	丙酮	22
60%乙醇	48	甲醇	33
100%乙醇	24	丙醇	23
2.5mol/L 甘氨酸	137		

(二)常用的有机溶剂的选择和浓度的计算

1.有机溶剂的选择

有机溶剂的选择主要考虑以下几个方面的因素:①介电常数小,沉淀作用强;②对生物大分子的变性作用小;③毒性小,挥发性适中;④一般需能与水无限混溶。常用于生物大分子沉淀的有机溶剂有乙醇、丙酮、异丙酮和甲醇等。其中乙醇是最常用的沉淀剂,因为它具有沉淀作用强、沸点适中、无毒等优点。

2.有机溶剂浓度的计算

进行有机溶剂沉淀时,欲使原溶液达到一定的溶剂浓度,需加入有机溶剂的量可通过下式计算:

$$V = V_0 \frac{S_2 - S_1}{100\% - S_2}$$

式中:V——需加入 100%浓度有机溶剂的体积(mL);

　　　V_0——原溶液体积(mL);

　　　S_1——原溶液中有机溶剂的浓度(g/100mL);

　　　S_2——所要求达到的有机溶剂的浓度(g/100mL)。

100%是指加入的有机溶剂浓度为 100%,如所加入的有机溶剂的浓度为95%,上式的(100%-S_2)项应改为(95%-S_2)。

上式的计算由于未考虑混溶后体积的变化和溶剂的挥发情况,实际上存在一定的误差。有时为了获得沉淀而不着重于进行分离,可用溶液体积的倍数:如加入

1倍、2倍、3倍原溶液体积的有机溶剂,来进行有机溶剂沉淀。

(三)影响有机溶剂沉淀的因素

1. pH 值

有机溶剂沉淀适宜的 pH 值,要选择在样品稳定的 pH 值范围内,而且尽可能选择样品溶解度最低的 pH 值,通常是选在等电点附近,从而提高此沉淀法的分辨能力。同时要考虑控制溶液 pH 值时使溶液中大多数蛋白质分子带有相同电荷,勿使目的物与杂质带异电荷导致共沉淀。

2. 温度

多数蛋白质在有机溶剂与水的混合液中,溶解度随温度降低而下降。值得注意的是大多数生物大分子如蛋白质、酶和核酸在有机溶剂中对温度特别敏感,温度稍高就会引起变性,且有机溶剂与水混合时产生放热反应,因此需要严格控制低温,可以先进行预冷(有机溶剂－10℃以下,蛋白质0℃左右),或者在冰盐浴中进行,同时加入有机溶剂时,必须缓慢且不断搅拌以免局部过浓变性,并注意散热。温度会影响有机溶剂对蛋白质的沉淀能力,一般温度越低,沉淀越完全。

3. 无机盐的含量

(1)少量的中性盐:保护作用,减少蛋白质变性,稳定介质 pH,减少水和溶剂互溶现象。

(2)盐浓度较高(>0.2mol/L):盐溶,增大蛋白质在有机溶剂—水溶液中的溶解度,增加溶媒用量,沉淀物中可能夹带盐,需除盐。

(3)常用的中性盐为醋酸钠、醋酸铵、氯化钠等。

4. 某些金属离子的助沉淀作用

Zn、Cu 等与呈阴离子状态的蛋白质形成复合物,而活性不变,有助于沉淀,降低有机溶剂用量。如胰岛素的有机溶剂沉淀过程如图 1-4 所示。

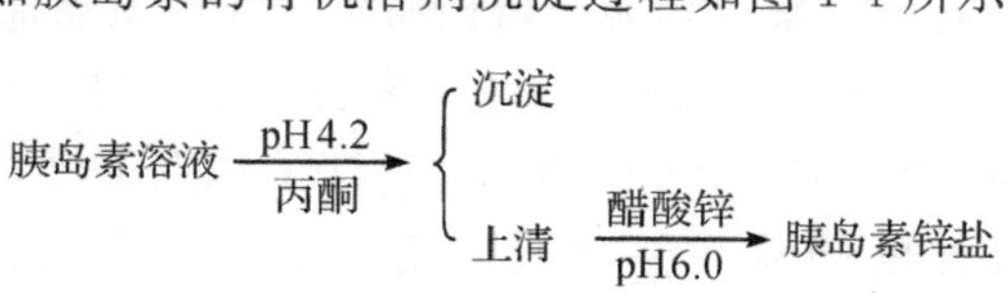

图 1-4 有机溶剂沉淀胰岛素过程

5. 样品浓度

样品浓度对有机溶剂沉淀生物大分子的影响与盐析的情况相似:低浓度样品要使用比例更大的有机溶剂进行沉淀,且样品的损失较大,即回收率低,具有生物活性的样品易产生稀释变性。但对于低浓度的样品,杂蛋白与样品共沉淀的作用小,有利于提高分离效果。反之,对于高浓度的样品,可以节省有机溶剂,减少变性的危险,但杂蛋白的共沉淀作用大,分离效果下降。通常,使用 5~20mg/mL 的蛋白质初浓度为宜,可以得到较好的沉淀分离效果。

三、其他沉淀方法简介

（一）等电点沉淀

利用两性生化物质在等电点时溶解度最低，以及不同的两性生化物质具有不同的等电点这一特性，对蛋白质、氨基酸等两性生化物质进行分离纯化的方法，称为等电点沉淀法。等电点沉淀法只适用在等电点时溶解度很低的两性生化物质，如酪蛋白。实际过程使用此法分辨率较低，效果不理想，因而常与盐析法、有机溶剂沉淀法或其他沉淀剂一起配合使用，以提高沉淀能力和分离效果。其目的更多的是去除杂蛋白，而不用于沉淀目的物。

（二）选择性变性沉淀法

利用蛋白质、酶与核酸等生物大分子与非目的生物大分子在物理化学性质等方面的差异，选择一定的条件使杂蛋白等非目的物变性沉淀而得到分离提纯，称为选择性变性沉淀法。常用的有热变性、选择性酸碱变性和有机溶剂变性等。多用于除去杂蛋白。

（1）热变性：利用对热的稳定性不同，加热破坏某些组分，而保留另一些组分。

（2）表面活性剂：利用表面活性剂或有机溶剂引起变性。

（3）选择性酸碱变性：利用蛋白质和酶等在不同 pH 值条件下的稳定性不同而使杂蛋白变性沉淀，通常是在分离纯化流程中附带进行的一个分离纯化步骤。

（三）有机聚合物沉淀法

水溶性非离子型高分子聚合物能使蛋白质水合作用减弱而发生沉淀。常用的有机多聚物：不同分子量的聚乙二醇（PEG）、聚乙烯吡咯烷酮和葡聚糖等，应用较多的是相对分子质量 6000～20000 的 PEG。该法的优点主要有：①操作条件温和；②沉淀效率高；③沉淀的颗粒往往比较大等。缺点是所得的沉淀中含有大量的 PEG。

操作过程中，在一定的 pH 下，盐浓度越高，所需的 PEG 浓度越低。溶液的 pH 越接近目的物的等电点，沉淀所需的 PEG 浓度越低。在一定浓度范围内，高相对分子质量的 PEG 沉淀的效率高。一般地说，PEG 浓度常为 20%。

四、结晶

结晶法是一种常用的固相析出技术，广泛应用于生物大分子的分离纯化。结晶是使溶质以晶态从溶液中析出的过程。晶态就是外观形状一定、内部的分子（或原子、离子)在三维空间进行有规则的排列而产生的物质存在状态。由于只有同类分子或离子才能排列成晶体,所以通过结晶,溶液中的大部分杂质会留在母液中,使产品得到纯化。

(一)结晶的基本原理

当溶液处于过饱和状态时,分子间的分散或排斥作用小于分子间的相互吸引作用,便开始形成沉淀或结晶。操作上注意:①要调整溶液,使之缓慢地趋向于过饱和点;②调整溶液的性质和环境条件,使尽可能多的溶质分子相互接触,形成结晶。

(二)结晶的过程

将一种溶质放入溶剂中,必然发生两个过程:①固体的溶解,即溶质分子扩散进入溶液内部;②溶质的沉积,即溶质分子从液体中扩散到固体表面。当溶液浓度超过饱和浓度时,固体的溶解速度小于沉积速度,这时才可能有晶体析出。最先析出的微小颗粒是以后结晶的中心,称为晶核。晶核形成以后,还需要靠扩散作用继续成长为晶体。

结晶包括三个过程:①过饱和溶液的形成;②晶核的形成;③晶体的生长。溶液达到过饱和是结晶的前提,过饱和度是结晶的推动力。

1.过饱和溶液的形成

过饱和溶液的形成一般可以通过将热饱和溶液冷却、蒸发部分溶剂、化学反应结晶、解析等方法实现。

(1)将热饱和溶液冷却:直接降低溶液的温度,使之达到过饱和状态,溶质结晶析出,此法称为冷却结晶。冷却法适用于溶解度随温度降低而显著减小的场合。

(2)将部分溶剂蒸发:蒸发法是使溶液在加压、常压或减压下加热,蒸发除去部分溶剂达到过饱和溶液的结晶方法。这种方法主要适用于溶解度随温度的降低而变化不大的场合或溶解度随温度升高而降低的场合。

(3)化学反应结晶:此法是通过加入反应剂或调节 pH 值生成一种新的溶解度更低的物质,当其浓度超过它的溶解度时,就有结晶析出。

(4)解析法:向溶液中加入某些物质,使溶质的溶解度降低,形成过饱和溶液而结晶析出。这些物质被称为抗溶剂或沉淀剂,它们可以是固体,也可以是液体或气体。解析法常用固体氯化钠作为抗溶剂使溶液中的溶质尽可能地结晶出来,这种结晶方法称为盐析结晶法。解析法还常采用向水溶液中加入一定量亲水的有机溶剂,如甲醇、乙醇、丙酮等,降低溶质的溶解度,使溶质结晶析出,这种结晶方法称为有机溶剂结晶法。

以上四种方法的工业应用实例:

(1)采用第四种方法结晶:多粘菌素 E 的脱盐脱色液,以弱碱性树脂中和至近中性,加等量丙酮,其硫酸盐就结晶析出。

（2）并用第一、第四种方法结晶：利用丝裂霉素在甲醇中溶解度较大、在苯中较小的性质，将其粗品溶于少量甲醇中，加入 2 倍体积的苯，5℃放置过夜，就可得蓝紫色结晶。

（3）并用第二、第一种方法结晶：制霉菌素得乙醇提取液真空浓缩 10 倍，冷至 5℃放置 2h，即可得结晶。

（4）并用第一、第三种方法结晶：四环素酸性溶液，用氨水调 pH 值至 4.8，冷却至 10℃，2h 后，四环素游离碱就可结晶析出。

2. 晶核的形成

晶核是在过饱和溶液中最先析出的微小颗粒。晶核的大小通常在几个纳米到几十个纳米。单位时间内在单位体积溶液中生成的新晶核数目，称为成核速度。

（1）影响成核速度的因素

①温度一定时，当过饱和度超过某一值时，成核的速度随饱和度的增加而加快，但过饱和度太高时，溶液的粘度会显著增大，分子运动减慢，成核速度反而减小。

②成核的速度随温度升高而升高，但达到最大值后，温度再升高，速度下降。

③成核速度和溶质种类有关，阳离子或阴离子的化合价增加，越不容易形成晶核，在相同的化合价下，含结晶水越多，越不容易成核。对于有机物质，结构越复杂，分子量越大，成核速度越慢。

（2）诱导晶核形成的常用方法

①如有现成晶体，可取少量研碎后，加入少量溶剂，离心除去大的颗粒，再稀释至一定浓度（稍微过饱和），使悬浮液中具有很多小的晶核，然后倒入待结晶的溶液中，用玻璃棒轻轻搅拌，放置一段时间后即有结晶析出。

②如果没有现成晶体，可取 1～2 滴待结晶溶液置表面玻璃皿上，缓慢蒸发除去溶液，可获得少量晶体，或者取少量待结晶溶液置于一试管中，旋转试管使溶液在管壁上形成薄膜，使溶剂蒸发至一定程度后，冷却试管，管壁上即可形成一层结晶。用玻璃棒刮下玻璃皿或试管壁上所得结晶，蘸取少量接种到待结晶溶液中，轻轻搅拌，并放置一定时间，即有结晶形成。

实验室结晶操作时，常使用玻璃棒轻轻刮擦玻璃容器的内壁，刮擦时产生玻璃微粒可作为异种的晶核。另外，玻璃棒沾有溶液后暴露于空气中，很容易蒸发形成一层薄薄的结晶，再浸入溶液中便成为同种晶核。同时用玻璃棒边刮擦边缓慢地搅动也可以帮助溶质分子在晶核上定向排列，促成晶体的生长。

3. 晶体的生长

在过饱和溶液中已有晶核形成或加入晶种后，以过饱和度为推动力，晶核或晶种将长大，这种现象称为晶体生长。晶体生长速度也是影响晶体产品粒度大小的一个重要因素。如果晶核形成速度大大超过晶体生长速度，则过饱和度主要用来生成新的晶核，因而得到细小的晶体，甚至无定形；如果晶体生长速度超过晶核形成速度，则得到粗大而均匀的晶体。

影响晶体生长速度的因素:

(1)杂质的存在对晶体生长有很大的影响,有的杂质能完全制止晶体的生长;有的则能促进生长。

(2)过饱和度增高一般会使结晶速度增大,但同时粘度增加,结晶速度受阻。

(3)温度升高有利于扩散,因而结晶速度增快。经验还表明,温度对晶体生长速度的影响要比成核速度显著,所以在低温下结晶得到的晶体较细小。

(4)搅拌能促进扩散,加快晶体生长,同时也能加速晶核形成,搅拌越剧烈,晶体越细。

(三)影响结晶析出的主要条件

影响结晶析出的主要条件包括溶液浓度、样品纯度、溶剂、pH 值、温度等几方面。

1.溶液浓度

溶液的浓度应根据工艺和具体情况实验确定。一般地说,生物大分子的浓度控制在 3%~5%比较适宜,小分子物质如氨基酸浓度可适当增大。

2.样品纯度

大多数生物分子需要有一定的纯度才能够结晶析出。一般来说,结晶母液中目的物的纯度应达到 50%以上,纯度越高越容易结晶。

3.溶剂

对于大多数生物小分子来说,水、乙醇、甲醇、丙酮、氯仿、乙酸乙酯、异丙醇、丁醇、乙醚等溶剂使用较多。尤其是乙醇,既亲水又亲脂,而且价格便宜、安全无毒,所以应用较多。对于蛋白质、酶和核酸等生物大分子,使用较多的是硫酸铵溶液、氯化钠溶液、磷酸缓冲溶液、Tris 缓冲溶液和丙酮、乙醇等。结晶溶剂要具备以下几个条件:①溶剂不能和结晶物质发生任何化学反应;②溶剂对结晶物质要有较高的温度系数;③溶剂应对杂质有较大的溶解度,或在不同的温度下结晶物质与杂质在溶剂中应有溶解度的差别;④溶剂如果是容易挥发的有机溶剂时,应考虑操作方便、安全。

4.pH 值

一般来说,两性生化物质在等电点附近溶解度低,有利于达到过饱和而使晶体析出,所选择 pH 值应在生化物质稳定范围内,尽量接近其等电点。

5.温度

生化物质的结晶温度一般控制在 0~20℃。但有时温度过低时,由于溶液粘度增大会使结晶速度变慢,这时可在析出晶体后,适当升高温度。另外,通过降温促使结晶时,降温快,则结晶颗粒小;降温慢,则结晶颗粒大。

(四)结晶操作

按照结晶操作过程的连续性程度不同把结晶方法分为分批结晶和连续结晶。

1. 分批结晶

分批结晶操作的原理是选用合适的结晶设备,用孤立的方式,在全过程中进行特殊的操作,并且这个操作仅仅间接地与前面和后面的操作有关。结晶器的容积可以是 100mL 的烧杯,也可以是几百吨的结晶罐。其设备简单、操作人员的技术要求不苛刻,我国发酵产品的结晶过程目前仍以分批操作为主。

在结晶过程中,为了获得粒度较为均匀的产品,必须控制晶体的生长,防止不需要的晶核生成。工业结晶操作通常在有晶种存在的第一介稳区内进行。随着结晶的进行,晶体不断增多,溶质浓度不断下降。因此,必须采用冷却降温或蒸发浓缩的方法,维持一定的过饱和度,使其控制在介稳区内。冷却或蒸发速度必须与结晶的生长速率相协调。

分批结晶过程是分步进行的,各步之间相互独立。一般情况下,分批结晶操作过程包括:①结晶器的清洗;②将物料加入结晶器中;③用适当的方法产生过饱和;④成核和晶体生长;⑤晶体的排出。其中③、④是结晶过程控制的核心,其控制方法和操作条件对结晶过程影响很大。

分批结晶操作最主要的优点是能生产出指定纯度、粒度分布及晶形合格的产品。缺点是操作成本较高,操作和产品质量的稳定性差。

2. 连续结晶

当结晶的生产规模达到一定水平后,为了降低费用,缩短生产周期,则必须采用连续结晶。在连续结晶的操作过程中,单位时间内生成晶核的数目是相同的,并且在理想的条件下,它与单位时间内从结晶器中排出的晶体数是相等的。

在连续结晶过程中,料液不断地被送入结晶器中,首先用一定方法形成过饱和溶液,然后在结晶室内同时发生晶核形成过程和晶体生长过程,其中晶核形成速率较难控制,使晶核数量较多,晶体大小不一,需采用分级排料的方法,取出合乎质量要求的晶粒。为了保证晶浆浓度、提高收率,常将母液循环使用。因此,在连续结晶的操作中往往要采用"分级排料"、"清母液溢流"、"细晶消除"等技术,以维护连续结晶设备的稳定操作、高生产能力和低操作费用,从而使连续结晶设备结构比较复杂。

连续结晶具有如下优点:①冷却法和蒸发法采用连续结晶操作费用低,经济性好;②结晶工艺简化,相对容易保证质量;③生产周期短,节约劳动力费用;连续结晶设备的生产能力可比分批结晶提高数倍甚至数十倍,相同生产能力则投资少,占地面积小;④连续结晶操作参数相对稳定,易于实现自动化控制。

连续结晶的缺点主要有:①换热面和器壁上容易产生晶垢,并不断积累,使运行后期的操作条件和产品质量逐渐恶化;②与分批结晶相比,产品平均粒度较小;③操作控制上比分批操作困难,要求严格。

(五)结晶操作设备

冷却结晶设备比较简单,对于产量较小、周期较短的结晶,多采用立式结晶箱。

对于产量较大、周期较长的结晶,多采用卧式结晶箱。

1.立式结晶箱

立式结晶箱如图1-5所示。这是最简单的一种分批式结晶器,它操作容易,常用于生产量较小的柠檬酸结晶。

以柠檬酸的精制为例:浓缩后浓度接近81%(质量分数)的柠檬酸精制液在55℃下的相对密度为1.34~1.38,从进料口流入结晶箱,同时启动两组框式搅拌器搅拌,使溶液均匀冷却。搅拌器转速为8r/min。

2.卧式结晶箱

真空煮晶锅是卧式结晶箱的一种,通常是半圆底的卧式长槽或敞口的卧放圆筒长槽,常应用于谷氨酸钠的助晶和葡萄糖

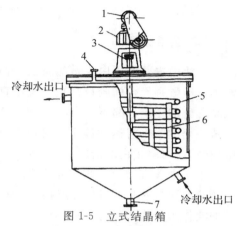

图1-5　立式结晶箱

1.马达;2.减速器;3.搅拌轴;4.进料口;
5.冷却蛇管;6.框式搅拌器;7.出料口

的结晶。由于它的容积较大,转速很慢(通常在10r/min以下),所以晶体在其中不易破碎。卧式结晶箱中还设有一定的冷却面积,因而既可作结晶用,也可作蒸发结晶操作的辅助冷却结晶器(晶体在其中继续长大),又可作为结晶分离前的晶浆贮罐。用于葡萄糖结晶的结晶箱是一个敞口卧放圆筒长槽。图1-6卧式搅拌结晶箱示意图。

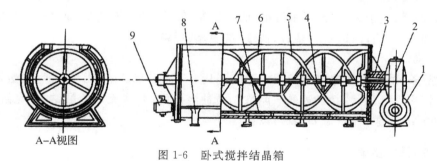

图1-6　卧式搅拌结晶箱

1.马达;2.蜗杆蜗轮减速箱;3.轴封;4.轴;5.左旋搅拌桨叶;
6.右旋搅拌桨叶;7.夹套;8.支脚;9.排料阀

第四节　工作任务

任务一　从牛奶中分离酪蛋白和乳糖结晶

(一)任务目标

(1)进一步理解等电点沉淀法;

（2）学习从牛奶中制备酪蛋白的方法；

（3）加深对蛋白质等电点性质的理解。

（二）方法原理

牛奶中主要的蛋白质是酪蛋白，含量约为 35g/L。酪蛋白在乳中是以酪蛋白酸钙—磷酸钙复合体胶粒存在。胶粒直径约为 20～800nm，平均为 100nm。在酸或凝乳酶的作用下酪蛋白会沉淀，加工后可制得干酪或干酪素。本实验利用加酸，调节牛奶的 pH 值达到酪蛋白等电点 pI＝4.7 时，蛋白质所带正、负电荷相等，呈电中性，此时酪蛋白的溶解度最小，酪蛋白将以沉淀的形式从牛奶中析出。

牛奶中含有 40％～60％的乳糖，乳糖是一种二糖，它由一分子半乳糖及一分子葡萄糖通过 β-1,4-糖苷键连接，乳糖是还原性二糖。脱脂乳中除去酪蛋白后剩下的液体为乳清，在乳清中含有乳白蛋白和乳球蛋白，还有溶解状态的乳糖，乳中糖类的 99.8％以上是乳糖，可通过浓缩、结晶制取乳糖。

（三）仪器材料和试剂

1. 材料

纯鲜脱脂乳或脱脂奶粉。

2. 仪器设备

离心机；电子天平；恒温水浴箱；抽滤装置（布氏漏斗、真空泵、抽滤瓶）；刻度试管；表面皿；量筒；pH 试纸；烧杯；滤纸；洗瓶；试管夹玻棒等。

3. 试剂

醋酸—醋酸钠缓冲溶液（0.2mol/L，pH＝4.7）；95％乙醇；无水乙醚；碳酸钙粉末；活性炭。（pH＝4.7 的醋酸—醋酸钠缓冲溶液配制，取无水乙酸钠 83 克溶解，加入 60mL 乙酸，稀释到 1L 就可以。）

（四）操作步骤

1. 从牛奶中分离酪蛋白

（1）在烧杯中加入 1 克脱脂奶粉，再加入 20mL 预热到 40℃，pH＝4.7 的醋酸—醋酸钠缓冲溶液，用 pH 试纸检验 pH 值。

（2）将上述悬浮液冷却至室温，装入离心管中，用转速为 2000r/min 离心分离 10min，倾出上层清液（留作分离乳糖用），离心管中得酪蛋白粗制品。

（3）于离心管中加入 10mL 蒸馏水，用玻棒充分搅拌（洗涤除去其中的水溶性杂质），离心（2000r/min，10min）后弃去上层清液，再用蒸馏水重复此过程一次。于试管中加入 10mL 95％乙醇，充分搅拌，离心（2000r/min，10min）后弃去乙醇溶液。最后再用 10mL 乙醚以同样的方法洗涤。

（4）将沉淀摊开在表面皿上，风干，得酪蛋白纯品，并准确称量。

2.从牛奶中分离乳糖

(1)在除去酪蛋白的乳清中加入 1g $CaCO_3$ 粉末,搅拌均匀后加热至沸腾。

(2)过滤除去沉淀,在滤液中加入 1～2 粒沸石,加热浓缩至 3mL 左右,加入 5mL 95％乙醇和少量活性炭,搅拌均匀后在水浴上加热至沸腾,趁热过滤。

(3)滤液必须澄清。加塞放置过夜,乳糖结晶析出,抽滤,用 95％乙醇洗涤产品。

(五)结果与讨论

(1)结果处理。

(2)思考题:

①为什么要使用脱脂牛奶和脱脂奶粉来进行?

②在沉淀酪蛋白时,为什么要恒定在 40℃以下进行?

③两次洗涤沉淀分别为了除去哪些杂质?

(六)注意事项

(1)离心管离心前一定要先进行平衡,离心时要注意对称放置。

(2)加 $CaCO_3$ 的目的是中和溶液的酸性,防止乳糖水解,能使乳蛋白沉淀。

(3)加入醋酸不可过量,过量酸会促使牛奶中的乳糖水解为半乳糖和葡萄糖。

任务二　动物肝脏 DNA 的提取

(一)任务目标

(1)了解分离提取 DNA 的一般原理;

(2)掌握从动物肝脏中提取 DNA 的方法。

(二)方法原理

DNA 主要集中在细胞核中,因此,通常选用细胞核含量比例大的生物组织作为提取制备 DNA 的材料。小牛胸腺组织核比例较大,因而 DNA 含量丰富,同时其脱氧核糖和苷酸酶活性较低,制备过程中 DNA 被降解的可能性相对较低,所以是制备 DNA 的良好材料但其来源较困难,脾脏或肝脏易获得,也是常制备 DNA 的材料,本项目采用新鲜猪肝作为材料。

在浓氯化钠(1～2mol/L)溶液中,脱氧核糖核蛋白的溶解度很大,核糖核蛋白的溶解度很小。在稀氯化钠(0.14mol/L)溶液中,脱氧核糖核蛋白的溶解度很小,核糖核蛋白的溶解度很大。因此,可利用不同浓度的氯化钠溶液,将脱氧核糖核蛋白和核糖核蛋白从样品中分别抽提出来。

将抽提得到的核蛋白用 SDS(十二烷基磺酸钠)处理,DNA(或 RNA)即与蛋白质分开,可用氯仿—异戊醇将蛋白质沉淀除去,而 DNA 则溶解于溶液中。向溶液中加入适量乙醇,DNA 即析出。为了防止 DNA(或 RNA)酶解,提取时加 EDTA(乙二胺四乙酸)。

(三)仪器材料和试剂

1. 材料

新鲜猪肝(一次用不完一定要冷冻保存)。

2. 仪器设备

真空干燥器;匀浆器;离心机(5000r/min);量筒 50mL(×1)、10mL(×1);水浴锅;纱布。

3. 试剂

(1)5mol/L NaCl 溶液:将 292.3g NaCl 溶于水,稀释至 1000mL。

(2)0.14mol/L NaCl—0.10mol/L EDTA-Na 溶液:溶 8.18g NaCl 及 37.2g EDTA-Na 于蒸馏水中,稀释至 1000mL。

(3)25％SDS 溶液:溶 25g 十二烷基磺酸钠于 100mL 45％乙醇中。

(4)0.015mol/L NaCl—0.0015mol/L 柠檬酸三钠溶液:氯化钠 0.828g 及柠檬酸三钠 0.341g 溶于蒸馏水,稀释至 1000mL。

(5)1.5mol/L NaCl—0.15mol/L 柠檬酸三钠溶液:氯化钠 82.8g 及柠檬酸三钠 34.1g 溶于蒸馏水,稀释至 1000mL。

(6)氯仿—异戊(丙)醇混合液:氯仿:异戊(丙)醇＝24：1(V/V)。

(7)3mol/L 乙酸钠—0.0010mol/L EDTA-Na 溶液:称取乙酸钠 408g EDTA-Na 0.372g 溶于蒸馏水,稀释至 1000mL。

(8)70％乙醇、80％乙醇、95％乙醇、无水乙醇。

(四)操作步骤

(1)取猪肝 20～30g,用适量 0.14mol/L NaCl—0.10mol/L EDTA 溶液洗去血液,剪碎,加入约 30～50mL 0.14mol/L NaCl—0.10mol/L EDTA 溶液,置匀浆器或研钵中研磨,研磨一定要充分,待研成糊状后,用单层纱布滤去残渣,将滤液离心 10min(4000r/min)弃去上清液,沉淀用 0.14mol/L NaCl—0.10mol/L EDTA 溶液洗二、三次。所得沉淀为脱氧核糖核蛋白粗制品。

(2)向上述沉淀物加入 0.14mol/L NaCl—0.10mol/L EDTA 溶液,使总体积为 37mL,然后滴加 25％SDS 溶液 3mL,边加边搅拌,加毕,置 60℃水浴保温 10min(不停搅拌)溶液变得粘稠并略透明,取出冷至室温,使核酸与蛋白质分离。

(3)加入 5mol/L NaCl 溶液 10mL,使 NaCl 最终浓度达到 1mol/L,搅拌 10min,加入约 1 倍体积的氯仿—异戊(丙)醇混合液,振摇 10min,静置分层,取上、中两层液离心 10min(4000r/min)。去掉沉淀,上层清液徐徐加入 1.5～2 倍 95％乙醇,DNA 沉淀即析出,用玻璃棒顺着一个方向慢慢搅动,则 DNA 丝状物即缠在玻璃棒上。

（4）将 DNA 粗品置于 27mL 0.015mol/L NaCl—0.0015mol/L 柠檬酸三钠溶液中，再加入 3mL 1.5mol/L NaCl—0.15mol/L 柠檬酸三钠溶液，搅匀，加入 1 倍体积氯仿—异戊(丙)醇混合液，振摇 10min，离心(4000r/min,10min)，倾出上层液(沉淀弃去)，加入 1.5 倍体积 95％乙醇，DNA 即沉淀析出，离心，弃去上清液，沉淀(粗 DNA)按本操作步骤重复一次。

（5）将上步所得沉淀溶于 27mL 0.015mol/L NaCl—0.0015mol/L 柠檬酸三钠溶液中，然后以线状徐徐加入 2 倍 95％乙醇，边加边搅，取出丝状 DNA，依次用 70％、80％、95％及无水乙醇各洗一次，真空干燥，保存待用。

(五)结果与讨论

1.结果处理

(略)

2.思考题

(1)所提取的 DNA 是否是纯品？如何进一步提高其纯度？

(2)DNA 提取过程中的关键步骤及注意事项有哪些？

(六)注意事项

(1)猪肝一定要新鲜，最好新鲜研磨。

(2)溶液浓度一定要配置准确，以免在实际提取过程中出现问题。

(3)使用离心机时，对称放置的离心管必须用天平调平衡。

自测训练

一、选择题

1.盐析法沉淀蛋白质的原理是(　　　)。

　A.降低蛋白质溶液的介电常数

　B.中和电荷，破坏水膜

　C.与蛋白质结合成不溶性蛋白

　D.调节蛋白质溶液 pH 到等电点

2.盐析法纯化酶类是根据(　　　)进行纯化。

　A.根据酶分子电荷性质的纯化方法

　B.调节酶溶解度的方法

　C.根据酶分子大小、形状不同的纯化方法

　D.根据酶分子专一性结合的纯化方法

3.有机溶剂沉淀法中可使用的有机溶剂为(　　　)。

　A.乙酸乙酯　　　　B.正丁醇　　　　C.苯　　　　　　D.丙酮

4.蛋白质溶液进行有机溶剂沉淀，蛋白质的浓度在(　　　)范围内适合。

　　A.0.5%～2%　　　B.1%～3%　　　　C.2%～4%　　　　D.3%～5%

5.生物活性物质与金属离子形成难溶性的复合物沉析,然后适用(　　)去除金属
　离子。

　　A.SDS　　　　　　B.CTAB　　　　　C.EDTA　　　　　D.CPC

6.当向蛋白质纯溶液中加入中性盐时,蛋白质溶解度(　　)。

　　A.增大　　　　　　B.减小　　　　　C.先增大,后减小　D.先减小,后增大

7.将四环素粗品溶于 pH2 的水中,用氨水调 pH4.5～4.6,28～30℃保温,即有四
　环素沉淀结晶析出。此沉淀方法称为(　　)。

　　A.有机溶剂结晶法　　　　　　　　B.等电点法

　　C.透析结晶法　　　　　　　　　　D.盐析结晶法

8.下列关于固相析出说法正确的是(　　)。

　　A.沉淀和晶体会同时生成

　　B 析出速度慢产生的是结晶

　　C.和析出速度无关

　　D.析出速度慢产生的是沉淀

二、问答题

1.中性盐沉淀蛋白质的基本原理是什么?

2.硫酸铵是蛋白质盐析中最常用的盐类,为什么?

参考文献

[1]严希康主编.生化分离技术.上海:华东理工大学出版社,1998.

[2]辛秀兰主编.生物分离与纯化技术.北京:科学出版社,2005.

[3]顾觉奋主编.分离纯化工艺原理.北京:中国医药科技出版社,1994.

[4]于文国等主编.生化分离技术.北京:化学工业出版社,2006.

项目二 利用萃取及浓缩技术对物质进行分离

 知识目标

掌握萃取及浓缩技术等相关知识；

掌握各种分离产物的理化性质；

了解从微生物、细胞、动植物原料中分离有效成分的知识；

萃取及浓缩分离过程的机理和类型，以及问题处理；

常见的萃取及浓缩技术对物质分离的方法及原理；

萃取及浓缩技术的应用。

能力目标

了解萃取及浓缩分离技术特点，以及在企业中的地位；

掌握萃取、浓缩技术等的原理及操作；

能根据原料及产品特点选择萃取及浓缩分离工艺条件控制；

能比较好地分析出现问题的原因；

能熟练解决生产中萃取及浓缩分离过程碰到的故障和困难。

 素质目标

能独立完成规定的分离要求；

培养诚实守信、吃苦耐劳的品德；

实事求是，不抄袭、不编造数据；

具有良好的团队意识和沟通能力，能进行良好的团队合作；

具有良好的 5S 管理意识和安全意识。

第一节 萃取及浓缩技术概述

萃取是一种初级分离技术。它是利用溶质在互不相溶的两相之间分配系数的不同而使溶质实现分离的方法。传统的有机溶剂萃取技术是石化和冶金工业常用的分离提取技术,在生物产物中,可用于有机酸、氨基酸、抗生素、维生素、激素和生物碱等生物小分子的分离和纯化。在传统的有机溶剂萃取技术的基础上,20 世纪60 年代末以来相继出现了萃取和反萃取同时进行的液膜萃取以及可应用于生物大分子如多肽、蛋白质、核酸等分离纯化的反胶团萃取法。20 世纪 70 年代以后,双水相萃取技术迅速发展,为蛋白质特别是胞内蛋白质的提取纯化提供了有效手段。

在萃取操作中至少有一相是流体,一般称该流体为萃取剂。以液体为萃取剂时,如果含有目标产物的原料也为液体,则称此操作为液液萃取;如果含有目标产物的原料为固体,则称此操作为浸取;以超临界流体为萃取剂时,含有目标产物的原料可以是液体也可以是固体,称此操作为超临界萃取。另外在液液萃取中,根据萃取剂的种类和形式的不同又可分为有机剂萃取、双水相萃取、反胶团萃取等。

萃取过程本身并未完成目标产物的分离任务,得到的仍是一均相混合物,要获得目标产物及回收萃取剂还需借助蒸馏或蒸发等其他单元操作来完成。可以这样说,萃取操作是将难分离的混合物,借助萃取剂的作用,转化为较易分离的混合物的单元操作。

生物产品溶剂萃取的典型应用主要在两个方面:(1)从发酵培养液中萃取化合物(产物)萃取的目标产物是在微生物细胞发酵期间或者微生物细胞生长时产生的,但是也不完全如此,被萃取的产物释放在发酵培养基中,溶剂萃取过程的主要目的是将化合物从细胞释放的其他类似物中有效地分离出来;(2)从生物液或生物转化液中萃取产物,在这种情况下,是利用不同纯化度的细胞或酶来进行生化反应,使底物转化为目标产物,其溶剂萃取过程与发酵液中的萃取情况不同,它是从未反应的底物中分离反应得到的产物。

在萃取操作中如果含有目标产物的原料为固体,则称此操作为浸取,浸取是固液萃取的通称。它是溶质 A 从固相转移至液相的传质过程,是溶质 A 从固相转移至液相的传质过程。在浸取操作中首先是萃取剂 S 与固体 B 的充分浸润渗透,溶解溶质 A,然后分离萃取液和固体残渣。

生物分离过程中经常需要利用液固萃取技术法从细胞或生物体中提取目标产物或除去有害成分。例如,从咖啡豆中脱咖啡因,从草莓中提取花色苷色素,从大豆中提取胰蛋白酶抑制剂等。

浓缩是回收溶剂蒸汽、使溶剂与提取物质分离的过程。其目的:使大量提取精制液缩小体积成半成品或成品,提高溶质的浓度;单体有效成分经浓缩成过饱和溶液析出(或伴随有结晶)而提纯;去除杂质。浓缩的手段:蒸发、膜浓缩。

第二节　任务书

表 2-1　"从茶叶中提取茶多酚并进行旋转蒸发浓缩"项目任务书

工作任务	从茶叶中提取茶多酚并进行旋转蒸发浓缩
任务描述	茶多酚(简称 TP)是一类以儿茶素类为主体的多酚类化合物,是一种新型的无毒天然食品添加剂,其抗氧活性高于一般非酚性或单酚羟基类抗氧剂,具有很强的抗氧化作用和良好的药理作用,能够高效地抗癌、抗衰老、抗辐射、清除人体自由基、降血糖和血脂、治心血管病、抑菌抑酶等。20 世纪 80 年代以来,茶多酚在食品工业、医药、农业和日用化工中得到广泛应用。茶多酚提取工艺的研究较多,有超声波提取法、索氏提取法和传统有机溶剂浸提法等,本书主要介绍传统有机溶剂浸提法工艺。
目标要求	1.学习提取植物组织成分的一般方法; 2.掌握茶叶中茶多酚提取的工艺技术; 3.学习使用旋转蒸发仪浓缩样品。
操作人员	生物制药技术专业学生分组进行实训,教师考核检查。

表 2-2　"用乙醇萃取环孢素菌渣"项目任务书

工作任务	用乙醇萃取环孢素菌渣
任务描述	环孢素是一种多肽类化合物,环孢素软胶囊是一种免疫抑制剂,适用于预防同种异体肾、肝、心、骨髓等器官或组织移植所发生的排斥反应;近年来有报道试用于治疗眼色素层炎、重型再生障碍性贫血及难治性自身免疫性血小板减少性紫癜等,现用乙醇萃取环孢素菌渣。
目标要求	1.学习固液萃取的一般方法; 2.掌握乙醇萃取环孢素菌渣的工艺技术; 3.会调试固液萃取工艺控制点。
操作人员	生物制药技术专业学生分组进行实训,教师考核检查。

第三节　知识介绍

一、溶剂萃取法概述

溶剂萃取法是工业生产中最常用的提取方法之一。广义的溶剂萃取法包括固液萃取及液液萃取两大类。固液萃取也称浸取,多用于提取存在于细胞内有效成分,如用乙醇从菌丝体中提取环孢菌素、制菌霉素,用丙酮从菌丝体中提取灰黄霉素等。但也有许多生物活性物质存在于胞外培养液中,需要用液液萃取法,如红霉素、螺旋霉素溶剂萃取。

(一)概念

萃取原理:利用化合物在两种互不相溶(或微溶)的溶剂中溶解度或分配系数的不同,使化合物从一种溶剂内转移到另外一种溶剂中。

物理萃取:萃取剂与溶质间不发生化学反应。

化学萃取:利用萃取剂与溶质间发生的化学反应实现溶质向有机相的分配。

萃取方式:互不相溶的两相。

溶剂萃取:固相或水相和有机溶剂相。

反胶团萃取:自由水相、结合水相与有机溶剂相。

双水相萃取:两个互不相溶的水溶高聚物相。

超临界萃取:超临界流体与固相或液相。

常用名词:

料液:含有目标产物的供提取的溶液,通常是水溶液。

萃取剂:用来萃取产物的溶剂。

萃取液:溶质转移到萃取剂中与萃取剂形成的溶液。

萃余液:被萃取出溶质后的料液。

分配定律:在恒温、恒压条件下,溶质在两个互不相溶的两相中达到分配平衡时,如果其在两相中的相对分子量相等,则其在两相中的平衡浓度之比为一常数 K_0,这个常数即分配常数。

$$K_0 = \frac{c_L}{c_R} = \frac{萃取相浓度}{萃余相浓度}$$

上式成立必须符合以下条件:①必须是稀溶液;②溶质对溶剂的互溶没有影响;③必须是同一种分子类型,即不发生缔合或离解。

分配系数:在恒温、恒压条件下,溶质在两个互不相溶的两相中达到分配平衡时,则其在两相中的总浓度之比称为分配系数。

$$m = \frac{c_{2,t}}{c_{1,t}}$$

分离因子:
$$\alpha = \frac{m_{产}}{m_{杂}}$$

(二)影响分配平衡的因素

1. 成相聚合物

成相聚合物的相对分子量降低、浓度升高有利于增大溶质的分配系数。

浓度影响到系线的长度：系线长度趋于零时，上相和下相组成相同，分配系数为 1.0 系线长度增加，上相和下相相对组成差别增大，被分离物质在两相中的表面张力差也增大，从而影响分配系数，如用 PEG/$(NH_4)_2SO_4$ 体系分离脂肪酶时，PEG 质量分数为 0.1、$(NH_4)_2SO_4$ 质量分数为 0.21 组成的体系，K 为 1.7，而当 PEG 质量分数为 0.12、$(NH_4)_2SO_4$ 质量分数为 0.129 时，K 为 0.85。

2. 电解质的影响

在双水相体系中加入电解质，由于阴、阳离子在两相中的分配差异，形成穿过相界面的电位，从而影响带电大分子物质在两相中分配。如在 PEG/Dextran 系统中加入 $NaClO_4$ 或 KI 时，可增加上相对带正电荷物质的亲和效应，并使带负电荷的物质进入下相。

3. pH 值的影响

pH 值的变化会导致组成体系的物质电性发生变化，也会使被分离物质的电荷发生改变，从而影响分配的进行。例如在 PEG/盐组成的体系中，通常可在相当小的 pH 变化范围内，使蛋白质在其中的分配系数有很大的改变。

4. 外加电场的影响

当在两相分界的垂直方面上加上电场时由于电位差增加而使分配系数发生改变，如用 PEG8000/DextranT500 体系分离肌红蛋白，在外加 48.1V/cm 的电场强度 40min 后，分配系数 K 从 0.81 变为 38.7，上相回收率从 44.7% 增高到 98.0%。

5. 温度的影响

由于温度的变化影响液相的物理性质，如粘度和密度，影响待分离物在两相中的分配。此外，成相聚合物对蛋白质有稳定化作用，在室温操作活性回收率依然很高。

（三）乳化和破乳化

在萃取时，特别是当溶液呈碱性时，常常会产生乳化现象；有时由于存在少量轻质的沉淀、溶剂互溶、两液相的相对密度相差较小等原因，也可能使两液相不能很清晰地分开，这样很难将它们完全分离。乳状液是一种液体分散在另一种互不相溶的液体中所构成的分散体系。当有机溶剂（通称为油）与水混合加以搅拌时，可能产生乳浊液，但油与水是不相容的，两者混合在一起很快会分层，不能形成稳定的混浊液。必须有第三种物质—乳化剂存在时，才容易形成稳定的乳浊液。

乳化剂多为表面活性剂。分子结构有共同的特点：一般是由亲油基和亲水基两部分组成的，即一端为亲水基团或极性部分[—COONa、—SO_3Na、—OSO_3Na、—$N^+(CH_3)_3Cl$—、—OH、—$O(CH_2CH_2O)_n$—、—$COOC_2H_5$. —$CONH_2$ 等]，用圆形表示；另一端为疏水性基团或非极性部分（烃链），用矩形表示。

乳状液中被分散的一相称作分散相或内相，另一相则称作分散介质或外相。显然，内相是不连续相，而外相是连续相。据内相与外相的性质，乳状液有两种类型:一类是油分散在水中,简称水包油型乳状液,用 O/W 表示;另一类是水分散在油中,简称油包水型乳状液,用 W/O 表示。由于表面活性剂具有亲水、亲油两个性质,所以能够把本来互不相溶的油和水连在一起,在两相界面亲水基伸向水层,亲油基伸向油层,处于稳定状态。表面活性剂的亲水基强度大于亲油基时,则容易形成 O/W 型乳浊液。反之,如亲油基强度大于亲水基时,则容易形成 W/O 型乳浊液。欲判断乳状液类型,常用三种方法:稀释法、染料法及电导法。

表面活性剂种类很多,其分类以亲水基团是离子型还是非离子型为主要依据,可分为五大类,即阴离子、阳离子、非离子、两性及高分子等。

(四)乳化剂使乳状液稳定的因素

乳化剂所以能使乳状液稳定,与下列几个因素有关:

1. 界面膜形成

表面活性剂分子积聚在界面上,形成排列紧密的吸附层,并在分散相液滴周围形成保护膜,保护膜具有一定的机械强度,不易破裂,能防止液滴碰撞而引起聚沉。

2. 界面电荷的影响

分散相的液珠可由下列原因而荷电:电离、吸附和液珠与介质之间摩擦,其中主要是由于液珠表面上吸附了电离的乳化剂离子。根据经验,两物接触时,介电常数高的物质带正电,介电常数低的带负电。在乳状液中,水的介电常数远比常见其他液体为高。故 O/W 型乳状液油珠多数是带负电的,而 W/O 型乳状液中水珠则带正电。由于乳状液液珠带电,当液珠相互接近时就产生排斥力,阻止了液滴聚结。

3. 介质粘度

若乳化剂能增加乳状液的粘度,能增加保护膜的机械强度,则形成的界面膜不易被破坏,并可阻止液珠的聚结。

(五)破坏乳化的方法

1. 加入表面活性剂

表面活性剂可改变界面的表面张力,促使乳浊液转型。在吸附有表面活性剂的界面区,界面两侧的表面张力是不同的,如亲油端的界面张力大于亲水端,即形成 O/W 型乳浊液;相反,如亲水端的界面张力大于亲油端,则形成 W/O 型乳浊液。易溶于油的乳化剂形成 W/O 型乳浊液,如在 O/W 型乳状液中,加入亲油性乳化剂,则乳状液有从 O/W 型转变成 W/O 型的趋向,如控制条件不允许形成 W/O 型乳状液,则在转变过程中,乳状液就被破坏。同样,易溶于水的乳化剂则生成 O/W 型乳浊液,若在 W/O 型乳状液中,加入亲水性乳化剂,也会使乳状液破坏。另外,若选择一种能强烈吸附于油—水界面的表面活性剂,用以顶替在乳状液中生成牢固膜的乳化剂,产生一种新膜,其强度较低,有利于破乳。

2.电解质中和法

加入电解质,中和乳浊液分散相所带的电荷,而促使其聚凝沉淀,同时可增加二相的比重差,以便于二相分离,也就起到盐析蛋白质的作用。常用的电解质如氯化钠、硫酸铵等。这种方法适用于小量乳浊液的处理或乳化不严重的乳浊液的处理。

3.吸附法破乳

当乳状液经过一个多孔性介质时,由于该介质对油和水的吸附能力的差异,也可以引起破乳。例如,碳酸钙或无水碳酸钠易为水所润湿,但不能为有机溶剂所润湿,故将乳状液通过碳酸钙或无水碳酸钠层时,其中水分被吸附。生产上将红霉素的一次醋酸丁酯提取液通过装有碳酸钙的小板框压滤机,以除去微量水分,有利于后工序的提取。

4.高压电破乳

高压电场破乳比较复杂,不能只看作是扩散双电层的破坏。在电场作用下液珠质点可排成一行,成珍珠项链式,当电压升到某值时,聚结过程将瞬间完成。如片冈键等发明的破乳静电法,其原理是让 W/O 型乳状液通过两枚平行的裸电极之间,借助两极板间外加的脉冲式直流高电压达到破乳目的。这种破乳装置的特点是两极板间的距离可在 1～5cm 内改变,破乳后的油相能通过上部极板的孔,而水相则由下部极板的孔分别从装置中不断排出。至于未被破乳的乳状液则根据需要可从装置中导出。

5.加热

温度升高,使乳状液液珠的布朗运动增加,使絮凝速度加快,同时还能降低粘度,使聚结速度加快,有利于膜的破裂。如果所需物质对热稳定,则可采用此法。

6.稀释法

在乳状液中,加入连续相,可使乳化剂浓度降低而减轻乳化。在实验室的化学分析中有时用此法较为方便。

7.较长时间的静置

较长时间的静置也会破坏乳状液。

8.解决乳化的其他途径

(1)超滤法,即选择适当孔径的超滤介质,将蛋白质截留滤除,而抗生素分子可以顺利通过超滤滤膜,从而使物料得到净化。选择超滤介质孔径的大小,一般选用能去除分子量在 10000 以上孔径的超滤膜进行过滤。

(2)反应萃取法,如用醋酸丁酯作为主体溶剂,并在其中加入不同种类的胺作为反应剂进行萃取。

(3)把萃取剂的筛选和破乳剂的筛选工作结合起来进行研究,目的在于筛选出既能够提高萃取平衡 pH,又不影响反萃取及产品质量。如中性磷萃取剂、脂肪醇类萃取剂的应用,不仅减轻了乳化,而且提高了收率。

二、浓缩原理和操作

(一)蒸发

蒸发是将溶液加热至沸腾,使其中部分溶剂汽化并被移除,以提高溶液中溶质浓度的操作。蒸发的目的是为了提高浓度的溶液或制取溶剂,通常以前者为主。

工业生产中蒸发操作的目的主要有四个:①为了提高水溶液中溶质的浓度,例如电解烧碱液的浓缩、稀硫酸的浓缩等。②为了浓缩溶液和回收溶剂,例如解析液的浓缩回收酒精等。③通过蒸发制备纯净的溶剂,例如海水淡化、纯水制备等。④生产固体产品,将稀溶液浓缩达到饱和状态,然后冷却使溶质结晶与溶液分离,从而火车固粒产品,例如食盐精制、制药等。

1. 蒸发的流程

用来进行蒸发的设备主要是蒸发器和冷凝器,基本流程如图 2-1 所示。

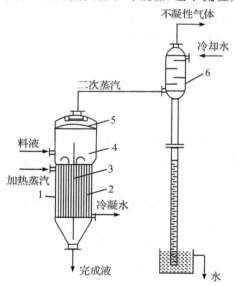

图 2-1　蒸发设备流程
1.加热室　2.加热管　3.中央循环管　4.分离室　5.除沫器　6.冷凝器

蒸发器的作用是加热溶液使溶剂沸腾汽化,并移除,由加热室和分离室两部分组成。

冷凝器与蒸发器的分离想通,其作用是将产生的溶剂水蒸汽冷凝而除去。

蒸发操作时,溶液进入分离室,沿中央循环管在加热室与加热管束内的饱和蒸汽进行热交换,被加热至沸腾状态,气液混合物沿加热管上升,到达分离室时蒸汽与溶液分离。为了与加热蒸汽相区别,产生的蒸汽称为二次蒸汽,二次蒸汽进入冷凝器被除去。溶液仍在中央循环管与加热管中进行循环,当达到浓度要求后称为完成液,从蒸发器底部排出。

2. 蒸发的分类

(1)按操作压强分类

蒸发可分为加压蒸发、常压蒸发和真空蒸发。

真空蒸发的优点:①减压下溶液沸点 t_1 降低,使蒸发器的传热推动力($\triangle t = T - t_1$)增大,因而,对一定的传热量 Q,可节省蒸发器的传热面积 S。②蒸发操作的热源可采用低压蒸汽或废热蒸汽,节省能耗。$P\downarrow$,$T\downarrow$,$\triangle t$ 一定,Q 不变。③适合处理热敏性物料,即在高温下易分解、聚合或变质的物料。④减少蒸发器的热损失。

真空操作缺点:①溶液的沸点降低,使粘度增大,导致总传热系数下降。②动力消耗大。需要有减压的装置。

(2)按蒸发方式分类

蒸发可分为自然蒸发和沸腾蒸发。

自然蒸发:溶液在低于溶液沸点的温度条件下汽化。汽化只在溶液表面进行,汽化面积小,传热速率低,汽化速率低。

沸腾蒸发:溶液在沸腾条件下汽化。汽化发生在溶液的各个部位。汽化面积大,传热速率高,汽化速率高。

(3)按二次蒸汽是否被利用分类

蒸发可分为单效蒸发和多效蒸发。

单效蒸发:将二次蒸汽直接冷凝,而不利用其冷凝热的操作。

多效蒸发:将二次蒸汽引到下一蒸发器作为加热蒸汽,以利用其冷凝器的串联操作。

3. 蒸发的特点

蒸发的实质是传热。蒸发器也是一种换热器。蒸发具有下述特点:

(1)传热性质:传热壁面一侧为加热蒸汽进行冷凝,另一侧为溶液进行沸腾,故属于壁面两侧流体均有相变化的恒温传热过程。

(2)溶液性质:有些溶液在蒸发过程中有晶体析出、易结垢和产生泡沫;溶液的粘度在蒸发过程中逐渐增大,腐蚀性逐渐加强。这些性质将影响设备的结构。

(3)泡沫夹带:二次蒸汽中常夹带大量泡沫,冷凝前必须设法去除。否则既损失物料,又污染冷凝设备。

(4)能源利用:蒸发时产生大量二次蒸汽,含有许多潜热,应合理利用这部分潜热。

(5)溶液沸点的改变(升高):含有不挥发溶质的溶液,其蒸汽压较同温度下纯水的低,即在相同的压强下,溶液的沸点高于纯水的沸点,所以当加热蒸汽一定时,蒸汽溶液的传热温度差要小于蒸发水的温度差,两者之差称为温度差损失,而且溶液浓度越高,温度差损失越大。

4.蒸发设备

(1)常用蒸发器的结构与特点

蒸发器主要由加热室和分离室组成。

加热室:加热溶液使之汽化。

分离室:分离二次蒸汽和完成液。

(2)蒸发器类型

化工生产中常用的间接加热蒸发器按加热室的结构和操作时溶液的流动情况,分为两大类:循环型(非膜式)、单程型(膜式)。

①循环型(非膜式)蒸发器

循环型蒸发器的特点是溶液在蒸发器内做连续的循环运动,溶液在蒸发器内停留时间长,溶液浓度接近于完成液浓度。根据引起循环运动的原因,分为自然循环和强制循环型蒸发器。

自然循环:由于溶液在加热室不同位置上的受热不同,产生密度差而引起的循环运动。

强制循环:依靠外力迫使溶液沿一个方向做循环运动。

●中央循环管式(标准式)蒸发器

中央循环管式(标准式)蒸发器如图 2-2 所示,适于处理结垢不严重、腐蚀性小的溶液。

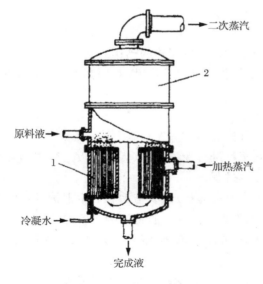

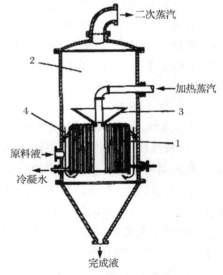

图 2-2　中央循环管式蒸发器
1.加热室　2.分离室

图 2-3　悬筐蒸发器
1.加热室　2.分离室　3.除沫器
4.环形循环隧道

加热蒸汽:加热室管束环隙内。

溶液:管内。

优点:溶液循环好、传热效率高、结构紧凑、制造方便、操作可靠。

缺点:循环速度低、溶液粘度大、沸点高、不易清洗。

●悬筐式蒸发器(见图 2-3)

加热蒸汽:管间。

溶液:管间。

优点:溶液循环速度高,改善了管内结构情况、传热速率较高;

缺点:设备费高、占地面积大、加热管内溶液滞留量大,适于处理易结垢、有晶体析出的溶液。

●外热式蒸发器(见图 2-4)

优点:降低了整个蒸发器的高度,便于清洗和更换;循环速度较高,使得对流传热系数提高;结构程度小;适于处理异结垢、有晶体析出、处理量大的溶液。

●列文蒸发器

优点:流动阻力小;循环速度高;传热效果好;加热管内不易堵塞。

缺点:设备费高;厂房高,耗用金属多;适于处理有晶体析出或易结垢的溶液。

●强制循环型蒸发器(见图 2-5)

优点:循环速度高;晶体不易粘结在加热管壁;对流传热系数高。

缺点:动力消耗大;对泵的密封要求高;加热面积小;适于处理粘度大、易结垢、有晶体析出的溶液。

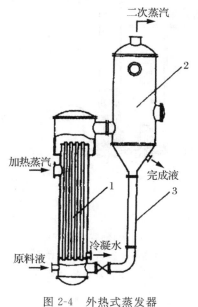

图 2-4 外热式蒸发器

1.加热室 2.分离室 3.循环管

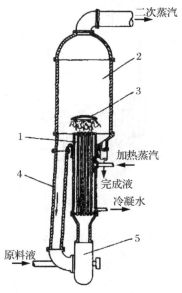

图 2-5 强制循环蒸发器

1.加热室 2.分离室 3.循环管

②单程型(膜式)蒸发器

单程型蒸发器适用于热敏性物料的蒸发,其特点是溶液只通过加热管一次蒸发即可达到要求的浓度,故溶液停留时间段,操作时沿加热管壁呈膜状流动。

由于操作要求成薄膜流动且一次蒸发完成,因此对设计和操作要求严格。

●升膜式蒸发器(见图 2-6)

它适于处理蒸发量较大的稀溶液,热敏性和易产生泡沫的溶液;不适于浓度高、粘度大、有晶体析出溶液的蒸发。

需设置良好的液体分布器,以保证溶液均匀成膜和防止第二次蒸汽从加热管顶部穿出。它适于处理浓度、粘度大的溶液,不适于处理易结晶、结垢的溶液。

●升-降膜式蒸发器(见图 2-8)

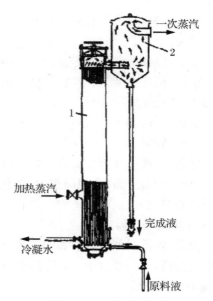

图 2-6　升膜式蒸发器

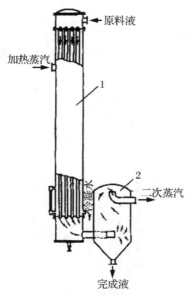

图 2-7　降模式蒸发器
1.加热室　2.分离器

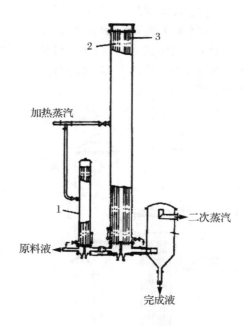

图 2-8　升-降膜式蒸发器
1.预热器　2.升膜加热管束
3.降膜加热管束　4.分离器

它适于处理浓缩过程中粘度变化的溶液、厂房有限制的场合。

●刮板薄膜蒸发器

它适合处理易结晶、易结垢、高粘度的溶液。

缺点：结构复杂,动力消耗大,传热面积小,处理能力低。

● 直接加热蒸发器

它适于处理易结垢、易结晶或有腐蚀性的溶液;不适于处理不能被燃烧气污染及热敏性的溶液。

优点：结构简单,不需要固定当然传热面,利用率高。

（3）蒸发器的辅助设备

蒸发器的辅助设备主要有冷凝器和真空装置。

冷凝器的作用：将二次蒸汽冷凝成水后排出。

冷凝器分类：间壁式和直接接触式两类。当二次蒸汽为有价值的产品需要回收,或会严重污染冷却水时,应采用间壁式冷凝器;否则可采用直接接触式冷凝器。

真空装置作用：将冷凝液中的不凝性气体抽出,维持蒸发操作所需的真空度。

真空装置适于：蒸发器采用减压操作。

真空装置安装位置：冷凝器后。

常用的真空装置：喷射泵、往复式真空泵以及水环式真空泵等。

（4）蒸发器的选型

蒸发器的结构型很多,选用时应结合生产过程的蒸发任务,选择适宜的蒸发器型式。选型时,一般考虑以下原则：

①溶液的粘度：蒸发过程中,溶液粘度变化的情况是选型时很重要的因素。高粘度的溶液应选用对其适应性好的蒸发器,如强制循环型、降膜式、刮板搅拌薄膜式等。

②溶液的热稳定性：热稳定性差的物料,应选用滞料量少、停留时间短的蒸发器,如各种模式蒸发器。

③有晶体析出的溶液：选用溶液流动速度大的蒸发器,以使晶体在加热管内停留时间短,不易堵塞加热管,如外热式、强制循环蒸发器。

④易发泡的溶液：泡沫的产生,不仅损失物料,而且污染蒸发器,应选用溶液湍动程度剧烈的蒸发器,以抑制或破碎泡沫,如外热式、强制循环式、升膜式等;条件允许时,也可将分离室加大。

⑤有腐蚀性的溶液：蒸发此种物料,加热管采用特殊材料制成,或内壁衬以耐腐蚀材料。若溶液不怕污染,也可采用浸没燃烧蒸发器。

⑥易结垢的溶液：蒸发器使用一段时间后,就会有污垢产生,垢层的导热系数小,从而使传热速率下降。应选用便于清洁和溶液循环速度大的增大器,如悬筐式、强制循环式、浸没燃烧式等。

⑦溶液的处理量：溶液的处理量也是选型时应考虑的因素。处理量小的,选用尺寸较大的单效蒸发;处理量大的,选用尺寸适宜的多效蒸发。

（二）膜浓缩

1.膜分离技术概念

膜分离技术是指在分子水平上不同粒径分子的混合物在通过半透膜时,实现选择性分离的技术,半透膜又称分离膜或滤膜,膜壁布满小孔,根据孔径大小可以分为:微滤膜（MF）、超滤膜（UF）、纳滤膜（NF）、反渗透膜（RO）等,膜分离都采用错流过滤方式。膜分离技术由于具有常温下操作、无相态变化、高效节能、在生产过程中不产生污染等特点,因此在饮用水净化、工业用水处理,食品、饮料用水净化、除菌,生物活性物质回收、精制等方面得到广泛应用,并迅速推广到纺织、化工、电力、食品、冶金、石油、机械、生物、制药、发酵等各个领域。分离膜因其独特的结构和性能,在环境保护和水资源再生方面异军突起,在环境工程,特别是废水处理和中水回用方面有着广泛的应用前景。

2.膜分离过程

膜是每一膜过程的核心部件,它可以看成是两相之间一个具有透过选择性的屏障,或看作两相之间的界面,膜分离过程如图 2-9 所示,相 1 为原料或上游侧,相 2 为渗透物或下游侧。原料混合物中某一组分可以比其他组分更快地通过膜而传递到下游侧,从而实现分离。

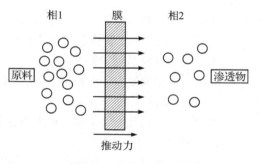

图 2-9　膜分离过程

3.膜组件类型

膜组件设计可以有多种形式,它们均根据两膜构性设计而成:①平板构型;②管式构型。板框式和卷式膜组件均使用平板膜,而管状、毛细管和中空纤维膜组件均使用管状膜。

原料以一定组成、一定流速进入膜组件,由于其中某一组分更容易通过膜,所以膜组件内原料的组成和流速均随位置变化。

（1）板框式膜组件如图 2-10 所示。

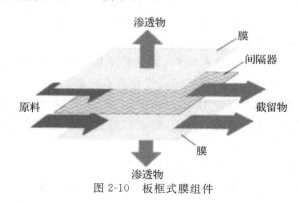

图 2-10　板框式膜组件

（2）卷式膜组件如图 2-11 所示。

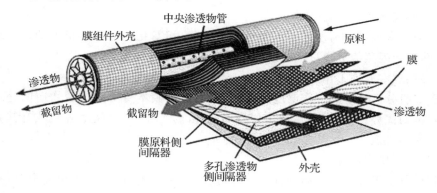

图 2-11 卷式膜组件

（3）中空纤维膜组件如图 2-12 所示。

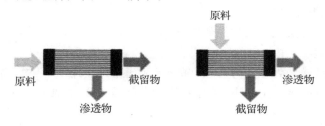

图 2-12 中空纤维膜组件

（4）按膜孔径划分的膜类型如图 2-13 所示。

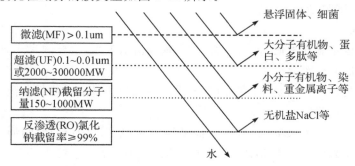

图 2-13 按膜孔径划分的膜类型

4.现代膜分离技术的特点

膜分离过程是一个高效、环保的分离过程,它是多学科交叉的高新技术,它在物理、化学和生物性质上可呈现出各种各样的特性,具有较多的优势。与传统的分离技术如蒸馏、吸附、吸收、萃取、深冷分离等相比,膜分离技术具有以下特点:

（1）高效的分离过程

它可以做到将相对分子量为几千甚至几百的物质进行分离（相应的颗粒大小

为纳米级）。

（2）低能耗

因为大多数膜分离过程都不发生相的变化，相变化的潜热是很大的。传统的冷冻、萃取和闪蒸等分离过程是发生相的变化，通常能耗比较高。

（3）接近室温的工作温度

多数膜分离过程的工作温度在室温附近，因而膜本身对热过敏物质的处理就具有独特的优势。目前，尤其是在食品加工、医药工业、生物技术等领域有其独特的推广应用价值。

（4）品质稳定性好

膜设备本身没有运动的部件，工作温度又在室温附近，所以很少需要维护，可靠度很高。它的操作十分简便，而且从设备开启到得到产品的时间很短，可以在频繁的启、停下工作。相比传统工艺可显著缩短生产周期。

（5）连续化操作

膜分离过程可实现连续化操作过程，满足工业化生产的实际需要。

（6）灵活性强

膜设备的规模和处理能力可变，易于工业逐级放大推广应用。膜分离装置可以直接插入已有的生产工艺中，易与其他分离过程结合，方便进行原有工艺改建和上下工艺整合。

（7）纯物理过程

膜分离是纯物理过程，不会发生任何的化学变化，更不需要外加任何物质，如助滤剂、化学试剂等。

（8）环保

膜分离设备制作材质清洁、环保，工作现场清洁卫生，符合国家产业政策。

5. 纳滤膜的使用注意事项

纳滤膜是什么？它是允许溶剂分子或某些低分子量溶质或低价离子透过的一种功能性的半透膜。

纳滤膜的材质是聚酰胺材质，它能截留纳米级（$0.001\mu m$）的物质。纳滤膜的操作区间介于超滤和反渗透之间，其截留有机物的分子量约为 $200\sim800MW$ 左右，截留溶解盐类的能力为 $20\%\sim98\%$，对可溶性单价离子的去除率低于高价离子，纳滤一般用于去除地表水中的有机物和色素、地下水中的硬度及镭，且部分去除溶解盐，在食品和医药生产中有用物质的提取、浓缩。纳滤膜的运行压力一般 $3.5\sim30bar$。

当然我们在使用纳滤膜的同时还是要了解一些使用纳滤膜的注意事项，这样操作起来才不会有危险：

（1）pH 值大于 10 时，连续运行的最高温度为 35℃，当进水中含有游离氯或其他氧化性物质时，由于其氧化性能会严重损坏膜的性能，因此建议用户在预处理中除去游离氯或其他氧化性物质。

（2）膜元件在出厂前都经过通水测试，并真空封装于 1.0％（重量）浓度的亚硫酸氢钠和 20ppm 浓度的异噻唑啉酮保护液中。在严寒地区，保护液中添有 10％（重量）浓度的甘油作为防冻液。为防止在短期储藏、运输及系统停机时微生物的滋长，建议用 1.0％（重量）的亚硫酸氢钠（食品级）保护液（用 RO 产水配制）对膜元件进行浸泡处理。

（3）膜元件在未投入使用前尽量不要拆封，一旦拆封应始终维持湿润状态。

（4）膜元件进水应逐渐加压，到正常运行状态的时间应不少于 30～60s，膜元件进水流速应逐渐增加，到规定值的时间应不少于 15～20s。

（5）初次使用应先将系统产水进行排放，排放时间至少达到 1h。

（6）膜元件至少需使用 6h 后方可用甲醛进行消毒。如在 6h 内使用甲醛，可能会导致通量损失。

（7）任何时候产水背压不得超过 0.03MPa。每支压力容器的最大允许压降为 50psi（0.34MPa）。

（8）使用与膜元件不兼容的化学药剂、润滑剂或保护液等。

6. 反渗透膜、超滤膜和纳滤膜的特点

工艺处理的过滤和分离过程一般都离不反渗透膜、超滤膜、纳滤膜三种，那么它们究竟有什么区别呢？

（1）反渗透膜

反渗透膜是最精细的一种膜分离产品，其能有效截留所有溶解盐分及分子量大于 100 的有机物，同时允许水分子通过。它广泛应用于海水及苦咸水淡化、锅炉补给水、工业纯水及电子级高纯水制备、饮用纯净水生产、废水处理和特种分离等领域。反渗透膜的运行压力一般介于苦咸水的 12bar 到海水的 70bar。

（2）超滤膜

超滤膜是能截留 0.002～0.1μm 的大分子物质和蛋白质。超滤膜允许小分子物质和溶解性固体（无机盐）等通过，同时将截留下胶体、蛋白质、微生物和大分子有机物，用于表示超滤膜孔径大小的切割分子量范围一般在 1000～500000。超滤膜的运行压力一般在 1～7bar。

（3）纳滤膜

纳滤膜能截留纳米级（0.001μm）的物质。它的操作区间介于超滤和反渗透之间，其截留有机物的分子量约为 200～800MW 左右，截留溶解盐类的能力为 20％～98％，纳滤膜与电解质离子间形成静电作用，电解质盐离子的电荷强度不同，造成膜对离子的截留率有差异，在含有不同价态离子的多元体系中，由于道南（Donnan）效应，使得膜对不同离子的选择性不一样，不同的离子通过膜的比例也不相同。部分去除溶解盐，在食品和医药生产中有用物质的提取、浓缩。纳滤膜的运行压力一般 3.5～30bar。

第四节　工作任务

任务一　从茶叶中提取茶多酚并进行旋转蒸发浓缩

(一)任务目标

(1)学习萃取及浓缩技术的基本原理；

(2)学习提取植物组织成分的一般方法；

(3)能提取茶叶中的茶多酚；

(4)能使用旋转蒸发仪浓缩样品。

(二)方法原理

溶剂提取法，将茶叶用极性溶剂水或乙醇为溶剂浸渍，采用水浴加热至一定温度(大概80℃)，保温提取多次，然后把浸取液进行液—液萃取分离，合并提取液后用等体积的氯仿萃取，分出氯仿相后改用乙酸乙酯多次萃取，将乙酸乙酯大部分回收后用旋转蒸发仪浓缩得到产品。但该法的缺点是操作费时麻烦、溶剂消耗量大、毒性大、成本高、提取率低，在高温下提取，茶多酚易氧化变质等。

(三)仪器材料和试剂

1.仪器

恒温电热套；分析天平；真空抽滤装置；旋转蒸发仪；磨口三口圆底烧瓶；温度计(100℃)及套管(与烧瓶匹配)；球形冷凝器(与烧瓶匹配)；铁架台(1圈2夹)；烧杯(250mL、100mL)；量筒；布氏漏斗；玻璃漏斗；抽滤瓶；玻棒；尼龙过滤布(300目)；烧瓶(500mL)；小口试剂瓶。

2.试剂和材料

95%乙醇；蒸馏水；市售绿茶。

(四)操作步骤

1.从茶叶中提取茶多酚

酒精配制：用95%的乙醇配置75%的乙醇。

茶多酚的提取：按照液固比为12∶1(mL/g)比例，用酒精从绿茶中恒温回流提取茶多酚。

操作条件：茶叶50g，提取温度为70℃(温度控制在67～73℃)，提取时间为

20min,酒精浓度为75%,提取1次,趁热用纱布粗滤,再转用真空抽滤;快速冷却,茶渣丢进垃圾桶等。

2.浓缩处理

正确搭建旋转蒸发装置,将已提取好的提取液250mL左右,在50℃的条件下旋转浓缩至原体积的1/3,收集浓缩液,记录、贴标签。

(五)结果与讨论

(1)结果处理并评价。

(2)思考题:

①为什么回流提取温度要控制在67～73℃?

②正确的浓缩加料方式如何,为什么?

(六)注意事项

(1)茶叶称取(50g)和75%乙醇配制快速、准确;

(2)提取装置的连接与搭建正确、美观;

(3)提取溶剂加热后,按照恰当料液比(12∶1)加入茶叶;

(4)回流提取温度控制;

(5)选择合适的温度和转速浓缩提取液;

(6)提取液的正确量取和正确加入。

任务二　用乙醇萃取环孢素菌渣

(一)任务目标

(1)学习固液萃取的一般方法;

(2)掌握乙醇萃取环孢素菌渣的工艺技术;

(3)会调试固液萃取工艺控制点。

(二)方法原理

浸取是固液萃取的通称。它是溶质A从固相转移至液相的传质过程,是溶质A从固相转移至液相的传质过程。在浸取操作中首先是萃取剂S与固体B的充分浸润渗透,溶解溶质A,然后分离萃取液和固体残渣。生物分离过程中经常需要利用液固萃取技术法从细胞或生物体中提取目标产物或除去有害成分。

(三)仪器材料和试剂

1.仪器

解析罐(包括酒精进料阀、酒精输送泵、进料旁阀、排空阀等);电源等。

2.试剂和材料

酒精;环孢素干渣。

(四)操作步骤

(1)启动酒精输送泵,先向解析罐内打入酒精。当酒精输入量达到约 x 量时,打开投料门,边加酒精边向罐内投入环孢素干渣,酒精加量以浸没渣子为宜。关闭输送泵电源,关闭酒精储罐底阀和输送泵进、出料阀及过滤器进料阀,关上投料门。浸泡过程中经常观察罐内液面情况,必要时补充酒精以确保渣子处于浸没状态,渣子浸泡时间在 x 小时,开始解析:打开酒精储罐底阀和输送泵进、出料阀及过滤器进料阀,打开通往解析罐的酒精进料阀、酒精输送泵。

(2)关闭解析液储罐底阀、打开其进料阀(包括进料旁阀),排空阀处于打开状态,打开空气隔膜泵进、出料阀,打开解析罐底阀。启动空气隔膜泵,待空压表读数达到 0.6MPa 时打开空气隔膜泵的空气阀,将解析液输入解析液储罐。

(3)当需更换储罐储存解析液时,打开另一只解析液贮罐的进料阀(排空阀保持打开状态),关闭第一只解析液储罐的进料阀,改用另一只储罐收集解析液。

(4)当解析尾液效价≤ $x\mu g/mL$ 时,停止解析:关闭酒精输送泵,关闭酒精储罐底阀和输送泵进、出料阀及过滤器进料阀,关闭通往解析罐的酒精进料阀。

(5)关闭空气隔膜泵电源,关闭解析罐底阀。关闭解析液储罐的排空阀并打开其真空阀,待罐内真空度达到 0.06MPa 时,打开解析罐底阀,利用真空将解析罐内残留的解析液继续抽入解析液储罐中,保持真空抽料 10h 以上。关闭解析液贮罐上的真空阀、进料阀并打开其排空阀,关闭解析罐底阀。

(五)结果与讨论

(1)固液萃取工艺控制点探讨。

(2)思考题:

①举例说明液液萃取法的原理和操作;

②探讨液液萃取工艺控制点的控制。

(六)注意事项

(1)萃取时如果各成分在两相溶剂中分配系数相差越大,则分离效率越高、如果在水提取液中的有效成分是亲脂性的物质,一般多用亲脂性有机溶剂,如苯、氯仿或石油醚进行两相萃取,如果有效成分是偏亲水性的物质,在亲脂性溶剂中难溶解,就需要改用弱亲脂性的溶剂,如乙酸乙酯、丁醇等。还可以在氯仿、乙醚中加入适量乙醇或甲醇以增大其亲水性。

(2)提取黄酮类成分时,多用乙酸乙酯和水的两相萃取。提取亲水性强的皂甙则多选用正丁醇、异戊醇和水作两相萃取。不过,一般有机溶剂亲水性越大,与水作两相萃取的效果就越不好,因为能使较多的亲水性杂质伴随而出,对有效成分进一步精制影响很大。

自测训练

一、选择题

1.欲判断乳状液类型,以下( )不是常用的判断方法。

A.电解质中和法　　B.稀释法　　　　C.染料法　　　　　D.电导法

2.( )适用于热敏性物料的蒸发。

A.循环型(非膜式)蒸发器　　　　B.悬空式蒸发器

C.单程型(膜式)蒸发器　　　　　D.直接加热蒸发器

3.解决乳化的其他途径有( )。

A.超滤法(不)把萃取剂的筛选和破乳剂的筛选工作结合起来

B.反应萃取法

C.稀释法

4.提取黄酮类成分时,多用( )和( )的两相萃取。

A.正丁醇　　　　　B.乙酸乙酯　　　　C.异戊醇　　　　D.水

二、问答题

1.生物产品溶剂萃取的典型主要应用在哪两个方面?

2.根据萃取剂的种类和形式的不同,萃取可分为哪几类?

3.工业生产中蒸发操作的目的主要是什么?

4.蒸发具有哪些特点?

5.简述蒸发的流程。

6.什么是浓缩? 其目的和手段是什么?

7.纳滤膜是什么?

参考文献

[1]刘冬主编.生物分离技术.北京:高等教育出版社,2007.

[2]刘家祺主编.分离过程和技术.天津:天津大学出版社,2001.

[3]田亚平主编.生化分离技术.北京:化学工业出版社,2006.

[4]欧阳平凯,胡永红主编,生物分离原理及技术.北京:化学工业出版社,1999.

[5]辛秀兰主编.生物分离与纯化技术.北京:科学出版社,2005.

[6]于文国等主编.生化分离技术.北京:化学工业出版社,2006.

[7]黄维菊,魏星主编.膜分离技术概论.北京:国防工业出版社,2008.

[8]孙彦主编.生物分离工程.北京:化学工业出版社,2005.

项目三　利用膜分离技术对物质进行分离

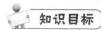 **知识目标**

膜分离技术的定义和特点；

膜的种类及材料特性；

膜组件的种类及在生物技术行业中的应用；

膜分离过程的机理和类型，以及问题处理；

常见的膜分离方法及原理；

膜分离技术的应用。

能力目标

能理解膜分离技术特点，以及在企业中的地位；

能比较好地根据项目来选择膜材料和膜组件；

能根据原料及产品特点选择膜分离方法；

能比较好地分析出现问题的原因；

能熟练解决生产中膜分离过程碰到的故障和困难。

素质目标

能独立完成规定的分离要求；

培养诚实守信、吃苦耐劳的品德；

实事求是，不抄袭、不编造数据；

具有良好的团队意识和沟通能力，能进行良好的团队合作；

具有良好的 5S 管理意识和安全意识。

第一节　膜分离技术概述

膜分离技术是指物质在推动力作用下由于传递速度不同而得到分离的过程。它是在 20 世纪初出现，20 世纪 60 年代后迅速崛起的一门分离新技术。膜分离技术由于兼有分离、浓缩、纯化和精制的功能，又有高效、节能、环保、分子级过滤及过滤过程简单、易于控制等特征，目前已广泛应用于食品、医药、生物、环保、化工、冶金、能源、石油、水处理、电子、仿生等领域,产生了巨大的经济效益和社会效益,已成为当今分离科学中最重要的手段之一。

膜分离过程是一个高效、环保的分离过程,它是多学科交叉的高新技术,具有较多的优势。与传统的分离技术,如蒸馏、吸附、萃取等分离手段相比,膜分离技术在应用上具有以下特点:①高效的分离过程,特别是对热敏性物质的处理;②能耗低,寿命长,维护方便;③品质稳定性好,过程中物质不易变性;④易于操作,在常温下可连续化操作,可直接放大,易于自动化;⑤分离精度高,没有二次污染;⑥灵活性强等。但也存在一些不足:①膜材料价格比较昂贵;②膜面容易污染,使膜性能降低;③耐药,耐热、耐溶剂性能差等。

随着国民经济的迅速发展,膜分离技术的应用领域不但会越来越广泛,而且其会被越来越多的人认识和接受。据初步统计,2010 年全世界膜和膜组件的销售额已接近 200 亿美元,成套设备和膜工程的市场则已达到数百亿美元,而且每年还在以 10%～20%的幅度递增,显示出这一新兴产业的广阔前景。

第二节　任务书

表 3-1　"蛋白质的透析"项目任务书

工作任务	蛋白质的透析
任务描述	蛋白质是大分子物质,它不能透过透析膜,而小分子物质可以自由透过。现利用膜分离技术中的透析方法使蛋白质与其中夹杂的小分子物质分开,从而分离提纯蛋白质。
目标要求	(1)掌握膜分离技术的基本原理; (2)理解膜分离技术的分类及不同膜分离手段的原理; (3)能正确搭建蛋白质透析的装置 (4)能对透析膜进行正确的预处理; (5)能进行正确的蛋白质和氯离子的鉴定。
操作人员	生物制药专业学生分组进行实训,教师考核检查。

表 3-2　"香菇多糖提取分离"项目任务书

工作任务	香菇多糖提取分离
任务描述	利用香菇子实体经水浸泡捣碎,酶浸提,乙醇沉淀分离可制得香菇多糖粗品,再利用络合法进一步精制得到香菇多糖纯品。
目标要求	(1)掌握香菇多糖制备的基本原理; (2)能正确搭建香菇多糖制备装置; (3)能对常用设备进行正确的操作。
操作人员	生物制药专业学生分组进行实训,教师考核检查。

第三节　知识介绍

一、认识膜的基本特性

（一）膜的基本性能

膜是一种在一定流体相间的一薄层凝聚相物质,能把流体相分隔开来成为两部分。膜本身可以是气相、液相和固相或是由两相以上凝聚物质所构成的复合体,被膜分隔开的流体相物质是气体或液体。膜的厚度应在 0.5mm 以下,但不管膜本身薄到何等程度,至少要具有两个界面,通过它们分别与被膜分隔的两侧的流体相物质接触。

膜可以是完全可透过性的,也可以是半透过性的,但不应该是完全不透过性的;膜的面积可以是很大,独立地存在于流体相间,也可以非常微小,附着于支撑体或载体的微孔隙上;膜分离是一种高效分离技术,流体通过膜的传递是借助于吸着作用及扩散作用,膜具有高度的渗透选择性。

1. 膜的分类

膜的分类方法很多,可按不同的方式进行分类:

（1）按膜孔径大小分为微滤膜 $0.025\sim14\mu m$、超滤膜 $0.001\sim0.02\mu m(10\sim200\text{Å})$、反渗透膜 $0.0001\sim0.001\mu m(1\sim10\text{Å})$、纳米过滤膜,平均直径 2nm。主要通过筛分作用将大小物质分开。

（2）按膜结构分为对称膜、不对称膜、复合膜等。对称膜是指膜的横断面的形态、结构均一,否则为不对称膜。对称膜内部孔径均匀,但膜较厚致使流动阻力较大,实用价值较差。而不对称膜具有流动阻力小,透过通量大,机械强度大和不易堵塞等优点,是工业化生产用膜的主导产品。复合膜是膜的表层与底层为不同材料,表层为活性层,厚度为 $0.1\sim1.0\mu m$,起选择性分离作用,底层孔径较大,厚度为 $100\sim200\mu m$,起机械支撑活性层作用,对膜分离的选择性没有实质影响。

（3）按材料分为天然高分子材料、合成聚合物膜、无机材料膜等;有机高分子材料可制备各类分离膜;无机材料则多用于制备微滤膜、超滤膜等。

2. 膜的特性

在生产实际应用中,为实现高效率的膜分离操作,对膜材料的选择显得非常重要,必须采用相应的膜材料,主要有以下几个要求:①耐压。要达到有效的分离,各种功能分离膜的微孔是很小的,为提高各种膜的流量和渗透性,就必须施加压力,例反渗透膜可实现 $5\sim15nm$ 微粒分离,所需压差为 $1380\sim1890kPa$,这就要求膜在一定压力下,不被压破或击穿。②耐温。分离和提纯物质过程的温度范围为

0~82℃,清洗和蒸汽消毒系统,温度≥110℃。③耐酸碱性。待处理液的偏酸、偏碱严重影响膜的寿命,例醋酸纤维膜使用 pH2~8,如偏碱纤维素会水解。④化学相容性。要求膜材料能耐各种化学物质的侵蚀而不致产生膜性能的改变。⑤生物相容性。高分子材料对生物体来说是一个异物,因此必须要求它不使蛋白质和酶发生变性,无抗原性等。⑥低成本。

(二)膜组件

膜组件又称膜装置,它由膜、固定膜的支撑体、间隔物以及收纳这些部件的容器构成的一个单元。膜组件的结构根据膜的形式而异,目前市售膜组件主要有四种型式:平板式,管式,螺旋卷式和中空纤维式。图 3-1 为主要膜组件的结构示意图。

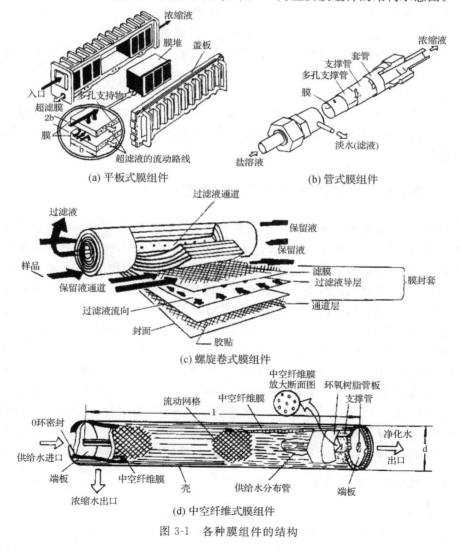

(a) 平板式膜组件

(b) 管式膜组件

(c) 螺旋卷式膜组件

(d) 中空纤维式膜组件

图 3-1 各种膜组件的结构

1. 平板式膜组件

平板式膜组件有多枚圆形或长方形平板膜以 1mm 左右的间隔重叠加工而成，膜间衬设多孔薄膜，供料液或滤液流动。

特点：比管式膜组件比表面积大，能量消耗介于管式和螺旋卷式膜组件。

2. 管式膜组件

将膜固定在内径 10～25mm、长 3m 的圆管状多孔支撑体上，由10～20根管式膜并联，或用管线串联，收纳在筒状容器内即构成管式膜组件。

特点：内径较大，结构简单，适合于处理悬浮物含量较高的料液，分离操作完成后易清洗，单根管子可以调换。

3. 螺旋卷式膜组件

两张平板膜固定在多孔性滤液隔网上，两端密封。两张膜的上下分别衬设一张料液隔网，卷绕在空心管上，空心管用于滤液的回收。

特点：比表面积大，结构简单，换新膜容易，价格便宜。但处理悬浮物浓度较高的料液时容易发生堵塞现象。

4. 中空纤维式膜组件

中空纤维式膜组件由数百至数百万根中空纤维膜固定在圆筒形容器内构成。

特点：保留体积小，单位体积中所含过滤面积大，可以逆洗，操作压力较低，动力消耗较低。

二、膜分离过程的机理、类型及问题处理

目前，已工业化的主要膜分离过程有 5～6 种，这些过程的推动力主要是浓度梯度、电势梯度和压力梯度，也可归结为化学势梯度。但在某些过程中这些梯度互有联系，形成一种新的现象，如温差不仅造成热流，也能造成物流，这一现象形成了"热扩散"或"热渗透"；静压差不仅造成流体的流动，也能形成浓度梯度，反渗透就是这种现象。在膜分离过程中，通常多种推动力同时存在，而且过程中各种组分的流动也同时进行，如反渗透过程中，溶剂透过膜时，伴随着部分溶质同时透过。

流速与推动力间以渗透系数来关联。渗透系数与膜和透过组分的化学性质、物理结构紧密相关。在均质高分子膜中，各种化学物质在浓度差或压力差下，靠扩散来传递，这些膜的渗透率取决于各组分在膜中的扩散系数和溶解度。通常这类渗透速率是相当低的。在多孔膜中，物质传递不仅靠分子扩散来传递，且同时伴有粘滞流动，渗透速率显著提高，但选择性较低。在荷电膜中，与膜电荷相同的物质就难以透过。因此，物质分离过程所需的膜类型和推动力取决于混合物中组分的特定性质。

(一)膜分离过程的机理和类型

1. 膜分离过程的机理

物质通过膜的分离过程较为复杂。不同物理、物化性质(如粒度大小、分子量、

溶解情况等)和传递属性(如扩散系数)的分离物质,对于各种不同的膜(如多孔型、非多孔型)其渗透情况不同,机理各异。因此,建立在不同传质机理基础上的传递模型也有多种,在应用上各有其局限性。膜传递模型可分为两大类。

第一类以假定的传递机理为基础,其中包含了分离物质的物理、化学性质和传递属性。这类模型又分为两种不同情况:一是通过多孔型膜的流动;另一是通过非多孔型膜的渗透。前者有孔模型、微孔扩散模型和优先吸附毛细管流动模型等;后者有溶解—扩散模型和不完全的溶解—扩散模型等。当前又有不少修正型的模型,但基本上是一致的,多属溶解—扩散模型。

第二类以不可逆热力学为基础,称为不可逆热力学模型,主要有 Katchalsky 模型和 Spiegler-Kedem 模型等。

不论那类模型都涉及物质在膜中的传递性质,最主要的是溶质和溶剂的扩散系数和溶解平衡(称为吸附溶胀平衡)。

对膜过程中的物质传递,以典型的非对称膜为例,分几个区间来描绘,如图 3-2 所示。图中所指溶质 i 是被膜脱除的或非优先选择的,如反渗透过程。

①主流体系区间(Ⅰ)在此区间内,在稳定情况下,溶质的浓度(c'_{ib})是均匀的,且在垂直于膜表面的方向无浓度梯度。

②边界层区间(Ⅰ)此区间只有浓度极化(或称浓差极化)现象的边界层,这是造成膜体系效率下降的一个主要因素,是一种不希望有的现象。溶质被膜斥于表面,造成靠近表面的浓度增高现象,需用搅拌等方式促进其反扩散和提高其脱除率。

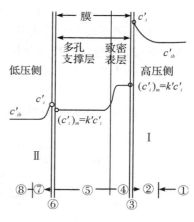

图 3-2　物质经过非对称膜的传递

③表面区间(Ⅰ)在此区间发生着两种过程:其一是由于膜的不完整性和表面上的小孔缺陷,沿表面溶质扩散的同时有对流现象。另一是溶质吸附于表面而溶入膜中。后者在反渗透过程中非常重要,是影响分离的主要因素。在膜表面溶质的浓度(c'_i)$_m$ 比在溶液表面中溶质的浓度(c'_i)低得多,通常这两浓度之比定义为"分配系数"(K)或"溶解度常数"(S_m)。

④表皮层区间此区间是高度致密的表皮,是理想无孔型的。非对称膜的皮层的特征是对溶质的脱除性。要求这层愈薄愈好,有利于降低流动的阻力和增加膜的渗透率。溶质和渗透物质在表皮层中的传递是以分子扩散为主,也有小孔中的少量对流。

⑤多孔支撑区间这部分是高度多孔的区间,对表皮层起支撑作用。由于其孔径大且为开孔结构,所以对溶质无脱除作用,而对渗透物质的流速有一定的

阻力。

⑥表面区间(Ⅱ)此区间相似于③中所述的区间,其中溶质从膜中脱吸。由于多孔层基本上无选择性,所以非对称膜下游的分配系数接近于1,即溶质在产品边膜内浓度与离膜流入低压边流体中的浓度几乎相等。

⑦边界层区间(Ⅱ)此区间与②中区间相似,物质扩散方向与膜垂直。但此间不存在浓度极化现象,其间浓度随流动方向而降低。

⑧主流体区间(Ⅱ)此区间相似于①,在稳定状态下,其中产品的主流体浓度为 c'_{lb}。

综上所述,溶质或溶剂在膜中的渗透率取决于膜两边溶液的条件和膜本身的化学和物理性质。传质总阻力为边界层和膜层阻力之和。

(二)膜分离过程的类型

1.按推动力不同进行的分类(见图3-3)

(1)以静压差为推动力的膜分离过程,如反渗透(RO 或 HF)、超过滤(UF)、纳滤(NF)、微孔过滤(MF)、气体分离(GS)、膜蒸馏(MD)及渗透气化(PV)等。

(2)以浓度差为推动力的膜分离过程,如透析(D)、气体分离(GS)及液膜分离等。

(3)以电位差为推动力的膜分离过程,如电渗析(ED)等。

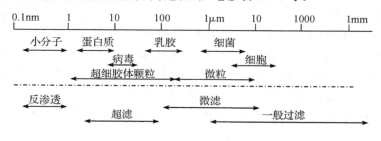

图 3-3   膜分离法与物质大小(直径)的关系

2.按操作方式不同进行的分类

以菌体或蛋白质浓缩为目的的膜分离一般可分为三种操作方式,即开路循环,闭路循环和连续操作。

(1)开路循环如图 3-4 所示,循环泵关闭,全部溶液用给料泵 F 送回料液槽,只有透过液排出到系统之外。

(2)闭路循环如图 3-4 所示,浓缩液(未透过的部分)不返回到料液槽,而是利用循环泵 R 送回到膜组件中,形成料液在膜组件中的闭路循环。闭路循环中,循环液中目标产物浓度的增加比开路循环操作快,故透过通量小于开路循环。但其优点是膜组件内的流速可不依靠料液泵的供应速度进行独立的优化设计。

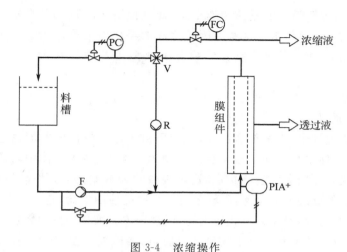

图 3-4　浓缩操作

F.给料泵；R.循环泵；V.四通阀

（3）连续操作如图 3-5 所示，连续操作是在闭路循环的基础上，将浓缩液不断排到系统之外。每一级中均有一个循环泵将液体进行循环，料液由给料泵送入系统中，循环液浓度不同于料液浓度。各级都有一定量的保留液渗出，进入下一级。由于第一级处理量大，所以膜面积也大，以后各级依次减小。最后一级的循环液为成品，浓度最大，因此，通量较低。

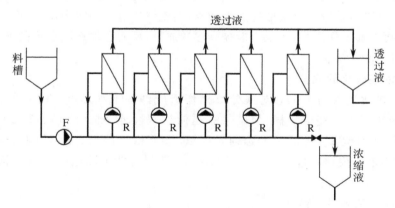

图 3-5　多级串联连续操作

F.给料泵　R.循环泵

（三）常见工艺问题及处理

膜分离技术是当前一项崭新的高科技工程技术。但在实际的膜分离过程中遇到的最突出的问题是浓差极化、膜污染和膜劣化等问题，一直制约着膜技术的发展与应用,不仅造成膜透过通量的快速下降,而且使溶质的阻止率明显下降,影响目标产物的回收率。每年由于这些原因而造成的经济损失达好几亿美元,并严重影响了膜的使用寿命。下面重点介绍膜分离典型工艺中存在的常见问题及解决办法。

1. 浓差极化

(1)造成原因

在膜分离过程中,当溶剂透过膜,而溶质由于透过较慢或不能透过被截留,在膜表面处聚积,使得膜表面上被截留的溶质浓度增大,高于主体中溶质浓度,从而引起溶质从膜表面向主体溶液扩散,这种现象称为浓差极化。浓差极化可使膜的传递性能及膜的处理能力迅速降低,还可缩短膜的使用寿命,它是膜分离过程中不可忽视的问题,为此,必须采取相应措施,以减轻浓差极化现象的影响。

在膜分离中,溶剂和小分子物质透过膜,而溶质被截留,从而使溶质聚积在高压侧的膜表面,造成了膜表面与溶液主体之间的浓度差($C_s - C_b$),使溶液的渗透压增大,当操作压差一定时,过程的有效推动力将下降,使渗透通量降低。为了保持或提高渗透通量,需提高操作压力,因此浓差极化导致溶质的截留率降低,限制了渗透通量的增加。

特别是对于微滤和超滤,由于溶质多为蛋白质或多糖等大分子胶体物质,当膜表面溶质浓度增大到某一值时,溶质呈最紧密排列,胶体物质会由溶胶形成凝胶,从而在膜表面形成凝胶层,相当于在膜表面又形成力了新的一层"膜",该凝胶层的厚度一般会随着溶剂透过量的增加而加厚,使流体透过膜的阻力增大,渗透通量降低,此时再增加操作压力,不仅不能提高渗透通量,反而会加速凝胶层的增厚,使渗透通量进一步下降。

(2)浓差极化的危害

浓差极化现象的发生会对膜分离操作造成许多不利影响,在不同过程中发生浓差极化程度不完全一样,但结果总是使过程性能下降。概括起来主要有以下几个方面:①渗透压升高,渗透通量降低;②截留率降低;③膜面上结垢,使膜孔阻塞,逐渐丧失透过能力。在生产实际中,要尽可能消除或减少浓差极化现象的发生。

(3)减轻浓差极化措施

浓差极化在膜分离操作中是一个不可忽视,且又不可避免的现象。一般情况下浓差极化造成的渗透通量降低是可逆的,可通过改变膜分离操作方式,提高料液流速来减轻浓差极化现象。

膜分离操作通常采用错流过滤方式进行,它与传统过滤相比(见图 3-6),错流操作时,料液与膜面平行流动,主体流动方向与透过液透过方向相垂直,膜表面截留的溶质为切向流所带走,可有效防止和减少被截留物质在膜面上的沉积。另外,膜过滤的操作压力、料液流速、料液浓度及离子强度等操作参数都会影响到浓差极化的程度,因此,在实际操作过程中,应设计合理的流通结构,设备装置及工艺操作过程,对工艺条件进行优化,从而减轻浓差极化的影响。

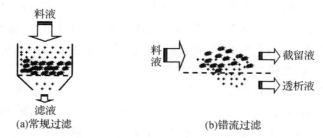

图 3-6　常规过滤与错流过滤的区别

2. 膜污染

(1)膜污染定义

膜污染是指被处理物料中的微粒、胶体粒子或溶质大分子由于与膜存在物理化学相互作用或机械作用而引起的在膜表面形成附着层或在膜孔内吸附、沉积造成膜孔径变小或堵塞,导致膜性能下降的现象。特别是膜的渗透通量下降是一个重要的膜污染标志,也是膜分离中重要的控制指标。通常认为浓差极化是可逆的,而膜污染则是不可逆的,但两者密切相关,常常同时发生,许多情况下正是浓差极化导致了膜的污染,实际上很难将两者明确区分。

(2)膜污染的原因

膜污染通常是由于膜表面形成了附着层和膜孔道发生了堵塞而引起的,造成的原因主要有:

①膜自身结构及颗粒尺寸。膜孔径大小、膜对称性、膜表面光滑度等都影响膜污染的程度。通常选择不对称结构膜较耐污染,膜表面越光滑越不易被污染,另外,当溶质颗粒大小与膜孔相接近时,由于压力的作用,溶质透过膜时把颗粒带向膜面,极易产生堵塞作用,而当膜孔径小于溶质颗粒大小,由于横切流作用,它们在膜表面很难停留聚集,不易堵孔。

②浓差极化引起的凝胶层。对于某些体系,由于浓差极化使得膜表面溶质浓度超过一定值时,在膜表面上形成凝胶层,造成对膜的污染,使流体透过膜的阻力增大,渗透通量降低。

③溶质在膜表面的吸附层。膜分离一旦开始,膜污染就开始,大分子、胶体或细菌与膜的相互作用而吸附或粘附在膜的表面,改变了膜的性质,造成对膜的污染。

④微生物污染。由于细菌粘附在膜表面形成菌群,分泌有利于其他有机物的粘附而形成菌膜,使得膜分离性能下降。

(3)膜污染的清除及预防

膜污染不仅造成透过通量的大幅度下降,而且影响目标产物的回收率。为保证膜分离操作高效稳定地进行,必须对膜进行定期清洗,除去膜表面及膜孔内的污染物,恢复膜的透过性能。

膜污染后需经清洗处理,第一,合理选择清洗剂。一般选用水、盐溶液、稀酸、稀碱、表面活性剂、络合剂和酶溶液等为清洗剂。具体采用何种清洗剂要根据膜的性能和污染原因而定。第二,合理确定清洗方法。在生化产品分离生产中,常用物理法、化学法和生物清洗三种方法。

①物理清洗:用高流速的水或空气和水的混合流体冲洗膜表面,利用其产生的剪切力来洗涤膜面附着层。一般采用清液通过加大流速循环洗涤,称为正向清洗;采用空气、透过液或清洗剂进行反向冲洗。物理清洗具有不引入新污染物,清洗步骤简单等特点,一般能有效地清除因颗粒沉积造成的膜孔堵塞。

物理清洗往往不能把膜面彻底洗净,特别是对于吸附作用而造成的膜污染,或者由于膜分离操作时间长、压力差大而使膜表面胶层压实造成的污染,需用化学清洗来消除膜污染。

②化学清洗:在水流种加入某种合适的化学药剂,连续循环清洗,能恢复复合污垢,迅速恢复膜通量。如抗生素生产中对发酵液进行超滤分离,每隔一定时间(如运转一星期),要求配制 pH=11 的碱液,对膜组件浸泡 15～20min 后清洗,以除去膜表面的蛋白质沉淀和有机污染物。又如当膜表面被油脂污染以后,其亲水性能下降,透水性降低,这时可用热的表面活性剂溶液进行浸泡清洗。化学清洗是减少污染的最重要的方法,可选用的化学试剂很多,可以单独使用,也可复合使用。较为重要的化学清洗剂有酸、碱、螯合剂、表面活性剂、过氧化氢、次氯酸盐、酶(蛋白酶)、磷酸盐、聚磷酸盐等。

③生物清洗:借助微生物、酶等生物活性剂的生物活动去除膜表面及膜内部污染物。但这种方法存在向系统引入新污染物的可能性,且运行与清洗之间转换步骤较多。

在实际生产应用中选择使用哪一种清洗方法,主要取决于膜的构型、膜的种类、耐化学试剂能力、污染程度以及污染物的种类。

3.膜的劣化

膜的劣化也是造成膜透过通量的快速下降的一个重要原因,它是指膜本身的不可逆的质量变化而引起的膜性能的变化。导致膜劣化的主要原因包括:

(1)物理性劣化。膜在高压操作下压密造成透过阻力大的固结或在干燥状态下发生不可逆性变形。

(2)化学性劣化。膜发生水解或氧化反应等造成截留能力的改变。如:醋酸纤维素是有机酯类化合物,乙酰基以酯的形式结合在纤维素分子中,比较容易水解,特别是在酸性较强的溶液中,水解速度更快。水解的结果是乙酰基脱掉,醋酸纤维膜的截留率降低,甚至完全失去截留能力。

(3)生物性劣化。供给料液中由于微生物代谢等原因导致的生物降解反应。

减轻膜劣化的主要措施有研制出性能良好抗劣化的膜材料和选择适宜的操作工艺条件两个方面。

三、掌握常见膜分离方法的选择依据

膜分离过程兼有分离和浓缩的功能,又有高效、节能、环保及过滤过程简单、易控制等特点。膜分离方法包含着丰富的内容,在生物分离领域典型的膜分离法包括微滤、超滤、纳滤、反渗透、透析等。

(一)微滤

微滤是目前应用最普遍、总销售额最大的一项压力驱动膜过滤技术,主要用于微粒的分离、净化、浓缩和提纯等工艺,应用范围很广,由最早实验室和微生物检测扩展到医药、食品、饮用水、城市污水处理等方面。

1. 微滤的基本概念

微滤又称微孔过滤,是以静压差为推动力,利用微孔滤膜的筛分作用,将滤液中尺寸大于 $0.1\sim10\mu m$ 的微生物和微粒子截留下来,以实现溶液的净化、分离和浓缩的技术。

微滤膜具有明显的孔道结构,在静压差的作用下,小于膜孔的粒子通过滤膜,粒径大于膜孔径的粒子则被阻挡在滤膜面上。其中膜孔径在 $0.01\sim0.05\mu m$ 滤膜主要用于截留噬菌体、较大病毒或大的胶体颗粒;孔径在 $0.1\sim0.22\mu m$ 滤膜主要用于试剂超净、高纯水的制备等;孔径在 $0.45\sim1\mu m$ 滤膜主要用于水的净化、过滤除菌等;孔径在 $1\mu m$ 以上滤膜主要用于超滤前颗粒的分离。微滤膜具有孔径均匀、孔隙率高、滤膜薄等特点,在过滤时介质不会脱落、没有杂质溶出、无毒、使用和更换方便,使用寿命长、膜组件廉价,是目前应用最广、经济价值最大的膜分离技术。

2. 微滤的分离机理

微滤主要用于过滤 $0.01\sim10\mu m$ 大小的颗粒、细菌和胶体,其分离的机理是筛分机理,起决定作用的是微孔滤膜的物理结构,因其结构上的差异而不尽相同。微孔滤膜的截留作用大体可分为以下几种:

(1)机械截留作用:指膜具有截留比它孔径大或与孔径相当的微粒等杂质的作用,即过筛作用。

(2)物理作用或吸附截留作用:包括吸附和电性能的影响。

(3)架桥作用:在孔的入口处,微粒因为架桥作用也同样可被截留。

(4)网络型膜的网络内部截留作用:将微粒截留在膜的内部而不是在膜的表面。

对滤膜的截留作用来说,除了机械的筛分作用外,微粒等杂质与膜孔之间的相

互作用有时较其孔径的大小更显得重要。

3. 微滤的操作方式

微滤的过滤过程有两种操作方式:死端过滤和错流过滤。

(1)死端过滤。原料液置于膜的上游,在压差推动下溶剂和小于膜孔的颗粒通过膜,大于膜孔的颗粒被膜截留,截留的微粒在膜表面堆积得越来越多,逐渐形成滤饼,随着过程的进行,滤饼不断增厚而压实,使过滤阻力不断增加。在操作压力不变的情况下膜渗透流量下降。死端微滤通常是间歇式的,必须进行定期清除滤饼或更换滤膜。如不及时清洗,会由于膜的污染使膜通量急剧下降而无法使用。该法一般适于实验室等小规模场合。如图 3-7(a)所示。

(2)错流过滤。将原料液送入具有许多孔膜壁的管道或薄层流道内,滤液沿着膜表面的切线方向流动,在压力作用下通过膜,料液中的颗粒则被膜截留而停留在膜表面,与死端操作不同的是料液流经膜表面时产生的高剪切力可使沉积在膜表面的颗粒扩散返回主体流,导致颗粒在膜表面的沉积速度与流体经膜表面时由速度梯度产生的剪切力引发的颗粒返回主体流的速度达到平衡,可使膜污染层不再增加而保持在一个较薄的稳定水平上。错流过滤能有效地控制浓差极化和滤饼层的形成。因此在较长周期内保持相对高的能量,一旦滤饼厚度稳定,通量也达到稳态或拟稳态。如图 3-7(b)所示。

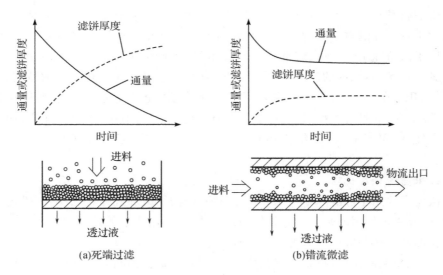

图 3-7　微滤的操作方式

4. 微滤技术的应用

微孔过滤是膜分离技术的重要组成部分,占整个膜过程工业应用近 40%,是目前应用最普遍的膜分离技术,在高纯水制备、食品饮料、生物制药、生物及微生物的检查分析等方面,都有大量的应用。

（1）实验室中的应用

微孔滤膜在实验室中是检测有形微细杂质的重要工具。主要用途如下：

①微生物检验。例如对饮用水中大肠菌群、游泳池水中假单胞族菌和链球菌、酒中酵母和细菌、软饮料中酵母、医药制品中细菌的检测和空气中微生物的检测等。

②微粒子检测。例如注射剂中不溶性异物、石棉粉尘、航空燃料中的微粒子、水中悬浮物和排气中粉尘的检测，锅炉用水中铁分的分析，放射性尘埃的采样等。

（2）工业中的应用

在食醋制备工业，利用超高分子量聚乙烯微滤膜技术处理食醋，可以完好地保留食醋中原有的对人体有益的成分。在酱油制备工业中，利用微滤代替酱油的高温灭菌，不仅能达到灭菌目的，还可以避免产生焦煳气味、灭菌器结垢及有效成分的损失。在生物制药工业中，利用微滤技术除去可引起血管阻塞、局部缺血和过敏反应的注射液及大输液中的微粒污染等，另外，还有在高纯水制备行业等，应用非常广。

（二）超滤

超滤首先出现在 19 世纪末，最早使用的超滤膜是天然的动物脏器薄膜。一直到 1907 年才比较系统地研究了超滤膜，并首次采用了"超滤"这一术语。在 1963 年第一张不对称超滤膜的成功开发，推动了科学家们寻找更优异的超滤膜，从而进入了超滤大发展时期。超滤技术应用的历史虽不很长，但因其有独特的优点，使它已成为当今膜分离技术领域中重要的单元操作技术。

1. 超滤的基本原理

它是利用膜的透过性能，达到分离水中离子、分子以及某种微粒为目的的膜分离技术。它介于微滤和纳滤之间，超滤膜孔径范围为 $1nm \sim 10\mu m$。主要用于从液相物质中分离大分子化合物，如胶体分散液、乳液等。通常，凡是能截留分子量在 500 以上的高分子膜分离过程被称为超过滤。

超滤膜分离机理是一种机械筛分机理。在静压差为推动力的作用，原料液中溶剂和小溶质粒子从高压的料液侧透过膜到低压侧，即为滤液，而大粒子组分被膜所阻拦，使它们在滤剩液中浓度增大。

溶质在被膜截流的过程中有很多作用方式，除了机械筛分作用外，还有一些其他因素也在一定程度上影响膜的分离特性。作用方式主要包括以下几个方面：

（1）溶质粒径大于膜孔径，溶质在膜面被机械作用；

（2）溶质在过滤膜表面及膜孔中产生吸附；

（3）溶质粒径接近于膜孔径相仿，溶质在孔径中停留，引起阻塞。超滤对去除水中的微粒、胶体、细菌、热源和各种有机物有较好的效果，但它几乎不能截留无机物等。

2.超滤的操作方式

超滤的操作方式可分为:重过滤和错流过滤两大类。

(1)重过滤

重过滤包括间歇式和连续式两种。它是在不断加水稀释原料的操作下,尽可能高地回收透过组分或除去不需要的盐组分。其特点是设备简单、小型、能耗低,可克服高浓度料液渗透速率低的缺点,能更好地去除渗透组分。通常用于蛋白质、酶之类大分子的提纯。

(2)错流过滤

错流过滤包括间歇式和连续式两种。间歇错流过滤是将料液从储罐连续地泵送至超滤膜装置,然后再回到储罐。随着溶剂被滤出,储罐中料液的液面下降,溶液浓度升高。其特点为操作简单,所需面积小。通常被实验和小型中试系统采用。而连续错流过滤是从储罐将加料液泵送至一个大的循环系统管线中,料液在这个大循环系统中通过泵提供动力,进行循环超滤后成为浓缩产品,慢慢从这个循环系统管线中流出,这个过程中要保持进料和出料的流速相等。

3.超滤膜

超滤膜为多孔膜,可分为对称膜和非对称膜。用于制造超滤膜的材质很多,包括有机高分子聚合物和无机材料。目前常用的有机超滤膜材料主要有乙酸纤维、聚砜、聚丙烯、聚乙烯、聚碳酸酯和尼龙等高分子材料;而无机超滤膜多为陶瓷膜,大多用粒子烧结法制备基膜,并用溶胶—凝胶法制备反应层,制备膜材料可以是高岭土,砖石灰、工业氧化铝等为主要成分的混合材料,反应层成分可分为 Al_2O_3、ZrO_2、TiO_2 膜,其中以氧化铝为主要成分的无机超滤膜具有较好的应用前景。

4.超滤技术的应用

超滤技术是膜分离手段中重要的单元操作技术,已广泛用于食品、医药、工业废水处理、超纯水制备及生物技术工业中,主要应用在于溶液的净化、分离和浓缩方面。如超纯水制备中的应用,许多工业用水要求非常严格,特别是电子工业中许多地方都要使用高纯水。而目前,国内超纯水生产用的原水大多为自来水或井水,其中含有有机物、胶悬体及微粒等,利用超滤技术可以比较好地除去这些物质。净化流程如下:

自来水→预过滤→超滤→反渗透→阴、阳离子交换树脂混合床→超滤→分配系统微滤→使用点微滤→使用

另外,在果汁的澄清中,利用超滤除去果胶,使果汁澄清,提高果汁质量。在乳品工业中,利用超滤除去乳糖,使奶酪味道更鲜美等。

(三)反渗透

反渗透技术是20世纪60年代发展起来的一种膜分离技术,它是继超滤和微

滤技术后的又一项膜分离技术,从制备出第一张不对称反渗透膜之后,反渗透技术才逐步进入工业化阶段,推动了整个膜分离过程的崛起。目前,反渗透已成为海水和苦咸水淡化最经济的技术。

1.反渗透的基本原理

反渗透技术是一种压力驱动膜分离技术,是利用反渗透膜只能透过溶剂(水)而截留离子物质或小分子物质的选择透过性,以膜两侧压差为推动力,从而实现对液体混合物分离的膜过程。它是渗透作用的逆过程,如果将溶剂和溶液(或把两种不同浓度的溶液)用只能透过溶剂而不能透过溶质的半透过膜隔开,假定膜两侧的静压力相等,则溶剂在自身化学位差的作用下将自发地穿过半透膜向溶液(或从低浓度溶液向高浓度溶液)一侧流动,这种现象叫作渗透。渗透现象之所以发生是因为膜两侧溶液存在化学位的差异,溶液中溶质浓度越高,溶液的化学位越低,这将导致溶剂自发地从高化学位侧透过膜扩散到低化学位侧,使浓溶液侧液位上升,达到动态平衡后膜两侧溶液的液面便产生一压头 H,以抵消溶剂向溶液方向流动的趋势,此 H 称为该溶液的渗透压π,如图 3-8(a)所示。

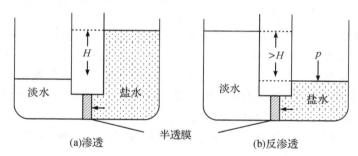

图 3-8　渗透和反渗透

稀溶液的渗透压计算公式:$\pi = C_B \cdot R \cdot T$

式中:C_B——溶液的摩尔浓度(mol/m³);

　　　R——气体常数[Pa·m³/(mol·L)];

　　　T——温度(K)。

由此可知,渗透压的大小取决于溶液的种类、浓度和温度,而与膜本身无关。

在上述情况下,若在溶液的液面上再施加一个大于 π 的压力 p 时,溶剂将与原来的渗透方向相反,开始从溶液向溶剂一侧流动,这就是所谓的反渗透,见图 3-8(b)。凡基于这一原理所进行的浓缩或纯化溶液的分离方法,一般称之为反渗透工艺。对反渗透体系的要求,不但要有高的选择性和高透过率,还必须使操作压力高于溶液的渗透压。

2.反渗透膜的分类

反渗透膜就是用于反渗透过程的半透膜,它是反渗透器的心脏部分,评价一种反渗透装置质量的优劣,关键在于半透膜性能的好坏。

反渗透膜的分类主要有两种方式：

从物理结构上分,可分为非对称膜、均质膜、复合膜及动态膜。

从膜的材质上分,可分为乙酸纤维膜、芳香聚酰胺膜、高分子电解质膜、无机质膜等。

3. 反渗透法的基本流程

反渗透技术作为一种分离、浓缩和提纯的方法,其基本流程常见的有以下四种形式：

(1)一级流程。在有效横断面保持不变的情况下,原水一次通过反渗透装置便能达到要求的流程。此流程的操作最为简单,能耗也最少。

(2)一级多段流程。当采用反渗透作为浓缩过程时,如果一次浓缩达不到要求时,可以采用这种多段浓缩流程方式。它与一级流程不同的是,有效横断面逐段递减。

(3)二级流程。如果反渗透浓缩一级流程达不到浓缩和淡化的要求时,可采用二级流程方式。二级流程的工艺线路是把由一级流程得到的产品水,送入另一个反渗透单元去,进行再次淡化。

(4)多级流程。在生物化工分离中,一般要求达到很高的分离程度。在这种情况下,就需要采用多级流程,但由于必须经过多次反复操作才能达到要求,所以操作相当繁琐、能耗也很大。例如在废水处理中,为了有利于最终处置,经常要求把废液浓缩至体积很小而浓度很高的程度;又如对淡化水,为达到重复使用或排放的目的,要求产品水的净化程度越高越好。

在工业应用中,有关反渗透法究竟采用哪种级数流程有利,需根据不同的处理对象、要求和所处的条件而定。

4. 反渗透技术的应用

反渗透技术在整个的操作过程中无相态的变化,可以避免由于相的变化而造成的许多有害效应,具有显著的优点。目前主要用于苦咸水脱盐、海水淡化、纯水超纯水制备等,在生物、食品、饮料、医药、环保等许多领域中应用广泛。

如海水和苦咸水淡化,是反渗透技术应用规模最大、技术也相对比较成熟的领域。目前国内建成的反渗透海水淡化装置的规模为日产水量 $350\sim2500m^3$。河北建设的日产水量 $18000m^3$ 的"亚海水"脱盐装置是国内最大的使用海水淡化膜的反渗透装置。将成为 21 世纪解决缺水地区用水问题的重要手段之一。如在生物医药工业中的应用,注射用水也是利用反渗透技术来制备的,在美国、日本等已将反渗透和超滤法制取注射用水正式列入药典。另外,在工业废水处理,牛奶加工和果汁加工和酒的加工等行业中也有较广的应用。

(四)透析

透析技术是一种最原始的膜过程,首次在 1861 年由苏格兰化学家T. Graham

提出,他发现涂有蛋清的羊皮纸能起到一种半透膜的作用,晶体物质能够经羊皮纸扩散到水中,而胶体物质不能。最早用于透析的膜主要有羊皮纸、赛璐玢及火棉胶等,现在已更多地把透析原理应用于医学上,以消除病人体内过多的水分和代谢产物,成为现代血液净化的基础。

1.透析的基本原理

透析是一种以浓度梯度为驱动力的膜分离技术,它是利用膜的扩散使各种溶质得以分离的膜过程。如把一张半透膜置于两种溶液之间并使其与之接触时,将会出现双方溶液中的大分子溶质原地不动,小分子溶质(包括溶剂)透过膜而相互交换的现象。

透析过程的简单原理如图 3-9 所示,即中间以膜(虚线)相隔,A 侧通原液、B 侧通溶剂。如此,溶质由 A 侧根据扩散原理,而溶剂(水)由 B 侧根据渗透原理相互进行移动,一般低分子比高分子扩散得快。

透析的目的就是借助这种扩散速度的差,使 A 侧两组分以上的溶质得以分离。这里的两组分指的是溶质之间的分离,而不是溶剂和溶质的分离。使用的透析膜也是半透膜的一种,它是根据溶质分子的大小和化学性质的不同而具有不同透过速度的选择性透过膜。通常用于分离水溶液中的溶质。

2.透析膜材料

透析膜的主要应用目标是模拟人体肾脏进行血液的透析分离,与反渗透、超滤等膜过程一样,透析膜也是透析装置的核心。透析膜的表

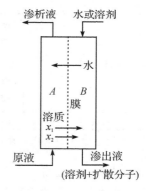

图 3-9　透析的原理

征一般包括透过性(溶质透过性和透水性)、机械强度、生物适应性、溶出物的有无及灭菌的难易等。目前,适于用作血液透析和过滤用膜的高分子材料有许多种,根据聚合物型式分类的透析膜材料主要包括疏水性的聚丙烯腈、聚酰胺、聚甲基丙烯酸酯、亲水性的纤维素、聚乙烯及聚乙烯醇等(详见表 3-3)。其中,多种透析膜组件和人工肾等均已商品化,国内外市场上都有出售。

从分子能级来看,决定上述聚合物同水的关系(亲水性、疏水性)的因素是聚合物末端的分子结构,如羧基、氨基及羟基等具有氢键的分子,因其对水有亲和性,所以是亲水性的;与此相反,一些碳氢化合物因具有疏水性质,所以与水就没有亲和力,浸入水中时,固体表面的电荷取决于表面分子结构的离子解离。当聚合物中含有酸基(羧基或磺酰基等)时,将产生带负电荷的表面;当含氨基时将产生带正电荷的表面。另外,当分子内部的电荷分布不均时将产生极性,这不仅对固体表面即使对蛋白质那样的溶质也会产生。在临床应用中,此等膜材料的亲水性、疏水性及带电荷的膜表面同溶质的相互作用等,都是决定溶质向膜表面吸附或溶质于膜中传

递的重要因素。

表 3-3　透析膜材料

聚合物型式	聚合物材料	临床应用
线性缩聚（起源于合成物）	聚酰胺（芳香族）	HF
	聚酰胺（脂肪族-芳香族）	HF
	聚碳酸酯-聚醚	HF，HDF
	聚砜	HF
	聚醚砜	HF
	磺化聚砜	HF
线性缩聚（起源于纤维素）	再生纤维素	HD，HDF
	乙酸纤维素	HD，HDF
	二乙酸纤维素	HD，HDF，HF
	三乙酸纤维素	HF
线性加成	聚丙烯腈	HDF，HF
	聚丙烯腈-甲代烯丙基磺酸钠	HDF
	聚乙烯-聚乙烯醇	HD，HDF，HF
	聚甲基丙烯酸甲酯	HD，HDF
	聚电解质	HF
无机	玻璃	HF

注：HF 为血液过滤；HD 为血液透析；HDF 为血液透析过滤。

3.透析技术的应用

透析技术最主要的用途是临床用于肾衰竭患者的血液透析。在血液透析中，透析膜用作肾功能衰竭患者的人工肾，完全替代肾，以除去有毒的低分子量组分，如尿素、肌酸酐、磷酸盐和尿酸。对膜材料的最主要的要求就是血液相容性。

在生物分离方面，主要用于生物大分子溶液的脱盐。由于透析过程以浓度为传质推动力，膜的透过通量很小，不适于大规模生物分离过程，而在实验室中应用较多。

第四节　工作任务

任务一　蛋白质的透析

（一）任务目标

（1）学习膜分离技术的基本原理；

（2）学习膜分离技术的分类及不同膜分离手段的原理；

（3）能正确搭建蛋白质透析的装置；

（4）能对透析膜进行正确的预处理；

（5）能进行正确的蛋白质和氯离子的鉴定。

（二）方法原理

透析是一种以浓度梯度为驱动力的膜分离技术，它是利用膜的扩散使各种溶质得以分离的膜过程。如一张半透膜置于两种溶液之间并使其与之接触时，将会出现双方溶液中的大分子溶质原地不动，小分子溶质（包括溶剂）透过膜而相互交换的现象。

蛋白质是大分子物质，它不能透过透析膜，而小分子物质可以自由透过。在分离提纯蛋白质的过程中，常利用透析的方法使蛋白质与其中夹杂的小分子物质分开。

（三）仪器材料和试剂

（1）仪器：透析管或玻璃纸；烧杯；玻璃棒；电磁搅拌器；试管及试管架。

（2）试剂和材料：蛋白质的氯化钠溶液（3 个除去卵黄的鸡卵蛋清与 700mL 水及 300mL 饱和氯化钠溶液混合后，用数层干纱布过滤）；10% 硝酸溶液；1% 硝酸银溶液；10% 氢氧化钠溶液；1% 硫酸铜溶液。

（四）操作步骤

（1）用蛋白质溶液做双缩脲反应（加 10% 氢氧化钠溶液约 1mL，振荡摇匀，再加 1% 硫酸铜溶液 1 滴，再振荡，观察出现的粉红颜色）。

（2）透析袋的预处理。将一适当大小和长度的透析管放在 50% 乙醇煮沸 1h（或浸泡一段时间），再加 10g/L Na_2CO_3 和 1mmol/L EDTA 洗涤，最后用蒸馏水洗涤2～3次，结扎管的一端。

（3）向火棉胶制成的透析管中装入 10～15mL 蛋白质溶液并放在盛有蒸馏水的烧杯中（或用玻璃纸装入蛋白质溶液扎成袋形，系于一横放在烧杯的玻璃棒上）。

（4）约 1h 后，自烧杯中取水 1～2mL，加 10% 硝酸溶液数滴使成酸性，再加入 1% 硝酸银溶液 1～2 滴，检查氯离子的存在。

（5）从烧杯中另取 1～2mL 水，做双缩脲反应，检查是否有蛋白质存在。

（6）不断更换烧杯中的蒸馏水（并用电磁搅拌器不断搅动蒸馏水）以加速透析过程。数小时后从烧杯中的水中不能再检出氯离子时，停止透析并检查透析袋内溶物是否有蛋白质或氯离子存在（此时应观察到透析袋中球蛋白沉淀的出现，这是因为球蛋白不溶于纯水的缘故）。

(五)结果与讨论

从氯离子和双缩脲反应检查结果,评价透析效果。

(六)注意事项

(1)一定要不断地进行搅拌;
(2)袋口一定要扎紧。

任务二　香菇多糖提取与精制

(一)任务目标

(1)了解香菇多糖制备的基本原理;
(2)能正确搭建香菇多糖制备装置;
(3)能对常用设备进行正确的操作。

(二)方法原理

利用香菇子实体经水浸泡捣碎,酶浸提,乙醇沉淀分离可制得香菇多糖粗品,再利用络合法进一步精制得到香菇多糖纯品。

(三)仪器材料和试剂

1.仪器

烧杯(250mL、500mL、1000mL);布氏漏斗;抽滤瓶;分液漏斗(250mL);量筒(10mL、100mL);离心机;水浴锅;透析纸;滤纸;层析缸;组织捣碎机;不锈钢锅。

2.试剂和材料

香菇子实体干品 20g;2mol/L 的氢氧化钠溶液;2mol/L 的氯化钠溶液;2mol/L的盐酸溶液;无水乙醇;乙醚;5%三氯乙酸－正丁醇溶液;复合酶制剂(含果胶酶;纤维素酶和中性蛋白酶食品级复合酶);活性炭;硅藻土;2%溴化十六烷基三甲铵(CTAB)(配制:取 2g CTAB 溶于 100mL 蒸馏水中,摇匀备用);斐林试剂。

(四)操作步骤

工艺流程:香菇子实体干品→去梗、去泥、去其他杂质→粉碎至 1cm 左右→加80 倍子实体重量的蒸馏水→80℃浸提 1.5h→离心过滤→香菇多糖浸提液。

(1)香菇预处理(浸泡捣碎)

选无杂质香菇子实体干品 20g 放入不锈钢锅中,加水 1600mL,于 20～25℃浸泡 30min,置高速组织捣碎机中充分捣碎,制成香菇浆液。

（2）酶浸提

将香菇浆液用 2mol/L 的盐酸溶液调 pH 值至 6.3，加入 1％复合酶制剂，50℃下酶促反应 40min，迅速升温至 80℃灭酶，并保温浸提约 1.5h，浸提液，于 80℃水浴浓缩至糖浆状。

另法：加热提取。香菇子实体 20g，加水 800mL，于沸水浴加热 8h，离心（3000r/min）20min 去残渣，上清液用硅藻土助滤，水洗，合并洗滤液，于 80℃水浴浓缩至糖浆状。

（3）香菇多糖的沉降

①有机酸除杂。浓缩液放入烧杯中加入等体积 5％三氯乙酸-正丁醇溶液、摇匀，离心（3000r/min）15min 后，用滴管吸去正丁醇和中层变性蛋白，下层清液备用。

②脱色、透析。将下层清液用 2mol/L 的氯化钠溶液调 pH 值至 7，加 1％活性炭 80℃加热脱色 15min，抽滤，滤液扎袋，流水透析 12h，透析液于 80℃水浴浓缩至原体积 1/3，抽滤。

③乙醇沉淀。滤液加 3 倍量 95％乙醇，搅拌均匀后，离心（3000r/min）15min。沉淀用无水乙醇洗涤 2 次。乙醚洗涤 1 次，50℃下真空干燥，得香菇多糖粗品，称重。

（4）精制

①取粗品 1g，溶于 100mL 水中，溶解后离心除去不溶物。滤液加 2％CTAB 至沉淀完全。摇匀，静止 2h，离心（3000r/min）15min，沉淀用 80℃热水热洗涤 3 次，加 100mL 2mol/L 的氯化钠溶液于 60℃解离 4h，离心（3000r/min）15min，上清液扎袋流水透析 10h。

②透析液 80℃浓缩，加三倍量 95％乙醇搅匀，离心（3000r/min）15min，沉淀用无水乙醇、乙醚洗涤，50℃以下真空干燥，得精品香菇多糖。

（五）结果与讨论

（1）加入复合酶制剂有何作用？
（2）CTAB 络合法与乙醇沉析法分离香姑多糖有什么不同？
（3）在制备全流程中为什么应时刻注意温度不能超过 80℃？

（六）注意事项

（1）酶促反应的时间、温度应控制好；
（2）在制备全流程中应时刻注意温度，不能超过 80℃。

自测训练

一、选择题

1.物质透过分离膜的能力可以分为两类：一种是借助外界能量，物质发生由低位向高位的流动;另一种是以化学位为推动力,物质发生由高位向低位的流动。其中以压力差为推动力的膜分离过程主要有(　　),以浓度差为推动力的膜分离过程主要有(　　)。

　　A.反渗透　　　　　　B.透析　　　　　　C.超滤　　　　　　D.微滤

2.在膜分离原理中以筛分为主的膜分离过程有(　　),以溶解扩散原理为主的膜分离过程有(　　)。

　　A.反渗透　　　　　　B.透析　　　　　　C.超滤　　　　　　D.微滤

3.反渗透技术属于压力驱动型膜分离技术,操作压力一般为(　　)。截留组分为(　　)的(　　)。随着膜技术的不断发展和迫于能源危机的要求,人们进行了超低压反渗透膜的开发,现已可在小于1MPa的压力下进行部分脱盐。

　　(1)A.1～10MPa　　　　　　　　　B.0.01～0.2MPa

　　　　 C.0.1～0.5MPa　　　　　　　 D.0.2～0.4MPa

　　(2)A.0.1～1nm　　　　　　　　　 B.10～50nm

　　　　 C.0.05～1μm　　　　　　　　 D.0.01～0.1μm

　　(3)A.离子或小分子物质　　　　　　 B.大分子物质和胶体

　　　　 C.悬浮液和乳浓液

4.超滤是介于微滤和纳滤之间的一种膜分离技术,膜孔径范围为(　　)。

　　A.0.1nm～1nm　　　　　　　　　 B.1nm～0.1μm

　　C.10nm～50nm　　　　　　　　　 D.0.01μm～0.1μm

二、问答题:

1.膜分离技术的特点有哪些?

2.膜的性能通常用哪些指标来表征?

3.反渗透的分离原理是什么?

4.超滤技术的主要应用有哪些?

5.微滤膜的操作模式有哪些?

6.透析膜材料有哪些特点?

参考文献

[1]刘冬主编.生物分离技术.北京:高等教育出版社,2007.

[2]刘家祺主编.分离过程和技术.天津:天津大学出版社,2001.

[3]田亚平主编.生化分离技术.北京:化学工业出版社,2006.

[4]欧阳平凯,胡永红主编.生物分离原理及技术.北京:化学工业出版社,1999.

[5]辛秀兰主编.生物分离与纯化技术.北京:科学出版社,2005.

[6]于文国等主编.生化分离技术.北京:化学工业出版社,2006.

[7]黄维菊,魏星主编.膜分离技术概论.北京:国防工业出版社,2008.

[8]孙彦主编.生物分离工程.北京:化学工业出版社,2005.

项目四 利用吸附及离子交换技术 对物质进行分离

  知识目标

熟悉吸附及离子交换技术的定义、原理和特点；

熟悉常用吸附剂的种类；

掌握离子交换树脂的命名方法、分类、理化性质、功能特性以及选择方法；

掌握离子交换工艺及其操作步骤；

熟悉离子交换常见问题及处理措施。

能力目标

能够根据实验要求选择合适的吸附剂和离子交换树脂；

能够独立设计离子交换分离方案；

能够熟练进行树脂的预处理、装柱以及再生操作；

会进行树脂密度、用量、交换容量等数据的测定和计算；

能够准确分析离子交换分离过程出现的问题和故障，并及时采取相应措施解决。

素质目标

具有良好的 5S 管理意识、安全意识和环保意识；

具有诚实守信、实事求是的良好职业道德和行为规范；

具有良好的质量意识和认真负责、科学严谨的工作作风和态度；

具有创新意识和团队合作意识。

第一节 离子交换技术概述

离子交换技术是根据某些溶质能解离为阳离子或阴离子的特性，利用离子交换剂与不同离子结合力强弱的差异，将溶质暂时交换到离子交换剂上，然后用合适的洗脱剂或再生剂将溶质离子交换下来，使溶质从原溶液中得到分离、浓缩或提纯的操作技术。

离子交换长期以来应用于水处理和金属的回收,在生物工业中主要应用在抗生素、氨基酸、有机酸等小分子的提取分离上。近年来研究发现,离子交换技术主要依赖电荷间的相互作用,利用带电分子中电荷的微小差异而进行分离,具有较高的分离容量,而几乎所有的生物大分子都是极性的,都可使其带电,因此离子交换法已广泛用于生物大分子的分离纯化技术。由于离子交换法分辨率高、工作容量大且易于操作,已成为蛋白质、多肽、核酸及大部分发酵产物分离纯化的一种重要方法,在生化分离中约有 75% 的工艺采用离子交换法。

利用离子交换技术进行分离的关键是选择合适的离子交换剂,在各类离子交换剂中,合成高分子离子交换树脂具有不溶于酸、碱溶液及有机溶剂,性能稳定,经久耐用,选择性高等特点,在工业中应用领域较广。

(1)水处理

水处理领域离子交换树脂的需求量很大,约占离子交换树脂产量的 90%,用于水中的各种阴阳离子的去除。目前,离子交换树脂的最大消耗量是用在火力发电厂的纯水处理上,其次是原子能、半导体、电子工业等。

(2)食品工业

离子交换树脂可用于制糖、味精、酒的精制、生物制品等工业装置上。例如:高果糖浆的制造是由玉米中萃出淀粉后,再经水解反应,产生葡萄糖与果糖,而后经离子交换处理,可以生成高果糖浆。离子交换树脂在食品工业中的消耗量仅次于水处理。

(3)制药行业

制药工业离子交换树脂对发展新一代的抗菌素及对原有抗菌素的质量改良具有重要作用,链霉素的开发成功即是突出的例子,近年还在中药提成等方面有所研究。

(4)合成化学和石油化学工业

在有机合成中常用酸和碱作催化剂进行酯化、水解、酯交换、水合等反应。用离子交换树脂代替无机酸、碱,同样可进行上述反应,且优点更多。如树脂可反复使用、产品容易分离、反应器不会被腐蚀、不污染环境、反应容易控制等。

甲基叔丁基醚(MTBE)的制备,就是用大孔型离子交换树脂作催化剂,由异丁烯与甲醇反应而成,代替了原有的可对环境造成严重污染的四乙基铅。

(5)环境保护

离子交换树脂已应用在许多非常受关注的环境保护问题上。目前,许多水溶液或非水溶液中含有有毒离子或非离子物质,这些可用树脂进行回收使用。如去除电镀废液中的金属离子、回收电影制片废液里的有用物质等。

(6)湿法冶金及其他

离子交换树脂可以从贫铀矿里分离、浓缩、提纯铀,以及提取稀土元素和贵金属。

第二节　任务书

表 4-1　"离子交换树脂交换容量的测定"项目任务书

工作任务	离子交换树脂交换容量的测定。
任务描述	某药厂新采购一批 732 阳离子型交换树脂,在正式使用前需要对交换树脂预处理后测定其工作交换容量。
目标要求	(1)能够理解离子交换树脂交换容量的测定原理; (2)会对离子交换树脂的预处理操作; (3)能够熟练进行树脂装柱操作; (4)学会处理实验数据并进行分析讨论。
操作人员	生物制药技术专业学生分组进行测定,教师考核检查。

表 4-2　"阿卡波糖发酵液的脱盐操作"项目任务书

工作任务	阿卡波糖发酵液的脱盐操作。
任务描述	某药厂原料车间计划投产一批阿卡波糖片原料药,拟用离子交换树脂对阿卡波糖发酵液进行脱盐脱色纯化操作。
目标要求	(1)知道阳离子交换树脂 CT151 和阴离子交换树脂 A845 的性能与作用; (2)能够说出离子交换树脂脱盐的原理; (3)能够熟练完成离子交换树脂脱盐的实验操作; (4)能够对实验数据进行分析处理并得出结论。
操作人员	生物制药技术专业学生分组进行实训,教师考核检查。

第三节　知识介绍

一、吸附技术

(一)概述

吸附是利用吸附剂对液体或气体中某一组分具有选择性吸附的能力,使其富集在吸附剂表面的过程,其实质是组分从液相或气相移动到吸附剂表面的过程。

吸附过程通常包括四个步骤:①将待分离的料液(或气体)通入吸附剂中,或将吸附剂加至待分离的料液中;②吸附质被吸附到吸附剂的表面;③料液流出或对料液进行固液分离;④吸附质解吸回收后,将吸附剂再生或进行其他方式的处理。

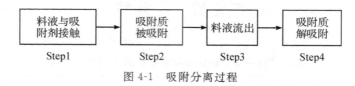

图 4-1 吸附分离过程

1.基本概念

(1)吸附机制:固体表面分子(或原子)处于特殊的状态,固体内部分子所受的力是对称的,故彼此处于平衡。但在界面分子的力场是不饱和的,即存在一种固体的表面力,它能从外界吸附分子、原子,或离子,并在吸附表面上形成多分子层或单分子层。

(2)吸附作用:物质从气体或液体浓缩到固体表面从而实现分离的过程。

(3)吸附剂:在表面上能发生吸附作用的固体。

(4)吸附物:被吸附的物质。

2.吸附法的特点

(1)常用于从稀溶液中将溶质分离出来,由于受固体吸附剂的限制,处理能力较小。

(2)对溶质的作用较小,这一点在蛋白质分离中特别重要。

(3)可直接从发酵液中分离所需的产物,成为发酵与分离的偶合过程,从而可消除某些产物对微生物的抑制作用。

(4)溶质和吸附剂之间的相互作用及吸附平衡关系通常是非线性关系,故设计比较复杂,实验的工作量较大。

(二)吸附的基本原理

1.吸附类型及其主要特点

根据吸附剂与吸附质之间存在的吸附力性质的不同,可将吸附分成物理吸附、化学吸附和交换吸附三种类型。

(1)物理吸附

物理吸附的吸附作用力为分子间引力(范德华力),无选择性(普遍存在于吸附剂与吸附质之间,所以整个自由界面都起吸附作用,物理吸附无选择性),无需高活化能,吸附层可以是单层,也可以是多层,吸附和解吸附速度通常较快,易达到吸附平衡。

由于吸附剂与吸附质的种类不同,分子间引力大小各异,因此吸附量随物系不同而相差很多。这是一种最常见的吸附现象,其特点是吸附不仅限于一些活性中心,而是整个自由界面。

（2）化学吸附

化学吸附是利用吸附剂与吸附质之间的电子转移，生成化学键而实现物质的吸附，属于库仑力范围，吸附作用力为化学键合力，需要高活化能（即需在较高温度下进行），只能以单分子层吸附（由于化学吸附生成化学键），选择性强（即一种吸附剂只对某种或特定几种物质有吸附作用），吸附和解吸附速度较慢（不易吸附和解吸）。物理吸附和化学吸附的区别见表 4-3。

表 4-3　物理吸附和化学吸附对比

特点	物理吸附	化学吸附
吸附作用力	分子间引力	化学键合力
选择性	较差	较高
所需活化能	低	高
吸附层	单层或多层	单层
达到平衡所需时间	快	慢
吸附速率	受扩散控制	受表面化学反应控制
温度效应	几乎没有	有影响
相互作用	可逆	不可逆
专一性	低	高

（3）交换吸附类型

吸附表面主要表现为极性吸附和离子交换。

①极性吸附：吸附剂表面如为极性分子所组成，则会吸引溶液中逞相反极性的物质或离子而形成双电层，这种吸附称为极性吸附。

②离子交换：在吸附剂与溶液间发生离子交换，即吸附剂吸附离子后，它同时要放出等当量的离子于溶液中。

交换吸附的决定因素：离子所带电荷越多，它在吸附剂表面的相反电荷点上的吸附力就越强。电荷相同的离子，其水化半径越小，越易被吸附。

2. 物理吸附力的本质

物理吸附作用的最根本因素是吸附质和吸附剂之间的作用力组，它是分子引力的总称，具体包括三种力：定向力、诱导力和色散力。主要区别在于它的单纯性，即只表现为相互吸引。

（1）定向力：由极性分子的永久偶极距产生的分子间静电引力称定向力，它是极性分子之间产生的作用力。一般分子的极性越大，定向力越大；温度升高，定向力减小。另外，分子的对称性、取代基位置、分子支链的多少等因素也会影响定向力的大小。

（2）诱导导力：极性分子与非极性分子之间的吸引力属于诱导力。极性分子产生的电场作用会诱导非极性分严极化，产生诱导偶极距，因此两者之间互相吸引，产生吸附作用。诱导力与温度无关。

（3）色散力：非极性分子之间的引力属于色散力。当分子由于外围电子运动及原子核在零点附近振动,正负电荷中心出现瞬时相对位移时,会产生快速变化的瞬时偶极距,这种瞬时偶极距能使外围非极性分子极化,反过来,被极化的分子又影响瞬时偶极距的变化,这样产生的引力称色散力。色散力也与温度无关,且普遍存在,因为任何系统都有电子存在。色散力与外层电子数有关,随着电子数的增多而增加。

此外,在吸附过程中,吸附剂和吸附质也可通过氢键发生相互作用。

3. 吸附等温线

当吸附剂与溶液中的溶质达到平衡时,其吸附量同溶液中溶质的组成与温度有关。当温度一定时,吸附量与浓度之间的函数关系称为吸附等温线。若吸附剂与吸附质之间的作用力不同,吸附表面状态不同,则吸附等温线也随之改变。

4. 影响吸附的主要因素

固体在溶液中的吸附比较复杂,影响因素也较多,主要有以下几个方面:

(1)吸附剂的性质:比表面积、粒度大小、极性。吸附剂的表面积越大,孔隙度越大,则吸附容量越大;吸附剂的孔径越大,颗粒度越小,则吸附速率越大。一般吸附分子量大的物质应选择孔径大的吸附剂,要吸附分子量小的物质,则需要选择比表面积大及孔径较小的吸附剂;而极性化合物需选择极性吸附剂,非极性化合物应选择非极性吸附剂。

(2)吸附质的性质:对表面张力的影响、溶解度、极性、相对分子量。一般能使表面张力降低的物质,易为表面所吸附。溶质从较易溶解的溶剂中被吸附时,吸附量较少。极性吸附剂易吸附极性物质,非极性吸附剂易吸附非极性物质,因而极性吸附剂适宜从非极性溶剂中吸附极性物质,而非极性吸附剂适宜从极性溶剂中吸附非极性物质。如活性炭是非极性的,在水溶液中是一些有机化合物的良好吸附剂;硅胶是极性的,其在有机溶剂中吸附极性物质较为适宜。

(3)温度:吸附的吸热和放热对吸附质稳定性的影响。一般达到了吸附平衡,升高温度会使吸附量降低。但在低温时,有些吸附过程往往在短时间内达不到平衡,而升高温度会使吸附速率增加,并出现吸附量增加的情况。如对蛋白质或酶类的分子进行吸附时,被吸附的高分子是处于伸展状态的,这类吸附是一个吸热过程。在这种情况下,温度升高会增加吸附量。生化物质吸附温度的选择还要考虑它的热稳定性。如果吸附质是热不稳定的,0℃左右进行吸附;如果比较稳定,则可在室温操作。

(4)溶液 pH 值:影响吸附质的解离。

(5)盐浓度:影响复杂,要视具体情况而定。盐类对吸附作用的影响比较复杂,有些情况下盐能阻止吸附,有些情况下盐能促进吸附。

(6)吸附物质的浓度与吸附剂量:平衡浓度、吸附剂的用量。普遍规律是,吸附质的平衡浓度越大,吸附量也越大。用活性炭脱色和去除热原时,为了避免对有效成分的吸附,往往将料液适当稀释后进行。若吸附剂用量过少,产品纯度达不到要求;但吸附剂用量过多,会导致成本增高、吸附选择性差及有效成分损失等。因此,吸附剂的用量应综合考虑。

(三)常用吸附剂

1.吸附剂应具备条件

(1)对被分离的物质具有很强的吸附能力,即平衡吸附量大。

(2)有较高的吸附选择性。

(3)有一定的机械强度,再生容易。

(4)性能稳定,价廉易得。

2.吸附剂类型

(1)活性炭(见表 4-4)

表 4-4　常用活性炭

活性炭种类	颗粒大小	表面积	吸附力	吸附量	洗脱
粉末活性炭	小	大	大	大	难
颗粒活性炭	较小	较大	较小	较小	难
锦纶活性炭	大	小	小	小	易

注意:生产上一般选择吸附力强的活性炭吸附不易被吸附的物质,如果物质很容易被吸附,则要选择吸附力弱的活性炭;在首次分离料液时,一般先选择颗粒状活性炭,如果待分离的物质不能被吸附,则改用粉末活性炭;如果待分离的物质吸附后不能洗脱或很难洗脱,造成洗脱溶剂体积过大,洗脱高峰不集中时,则改用绵纶活性炭。在应用中,尽量避免应用粉末活性炭,因其颗粒极细,吸附力太强,许多物质吸附后很难洗脱。

针对不同的物质,活性炭的吸附规律遵循以下规律:

①活性炭是非极性吸附剂,因此在水中吸附能力大于有机溶剂中的吸附能力;

②对极性基团多的化合物的吸附力大于极性基团少的化合物;

③对芳香族化合物的吸附能力大于脂肪族化合物;

④对相对分子量大的化合物的吸附力大于相对分子量小的化合物;

⑤pH 值的影响碱性中性吸附酸性洗脱,酸性中性吸附碱性洗脱;

⑥温度未平衡前随温度升高而增加。

(2)活性炭纤维

活性炭纤维与颗粒状活性炭相比,有如下特点:

①细,而且细孔径分布范围比较窄;

②外表面积大;

③附速率与解吸速率快;

④作吸附容量较大;

⑤质量轻,对流体通过的阻力小;

⑥成型性能好,可加工成各种形态,如毛毡状、纸片状、布料状和蜂巢状等。

（3）球形炭化树脂

它是以球形大孔吸附树脂为原料,经炭化、高温裂解及活化而制得。经研究表面,炭化树脂对气体物质有良好的吸附作用和选择性。

（4）大孔网状吸附剂

大孔网状聚合物吸附剂是一种非离子型共聚物,它能够借助范德华力从溶液中吸附各种有机物质。特点:脱色去臭效果理想;对有机物具有良好的选择性;物化性质稳定;机械强度好;吸附速度快;解吸、再生容易。但价格昂贵,吸附效果易受流速以及溶质浓度等因素的影响。

（四）吸附工艺及其操作

1.分批（间歇）式吸附

该方法是将浆状吸附剂添加到溶液中,初始抽提物和蛋白质都有可能被吸附到吸附剂上。如果所需的生物分子适宜于吸附,就可以将其从溶液中分离出来,然后从吸附剂上抽提或淋洗下来;如果所需的生物分子不被吸附,则在用吸附剂处理时,能从溶液中除去杂质。

在酶的分离纯化中,一般应用分批式吸附。分批式吸附操作中常用的典型吸附剂有磷酸钙凝胶离子交换剂亲和吸附剂、染料配位体吸附剂、疏水吸附剂和免疫吸附剂等。

吸附常在pH为5～6的弱酸性溶液和低的电解质浓度下进行,当大量的盐存在时,会干扰吸附。因此,为经济利益着想,预先透析是有利的。实验室的分离操作是利用烧杯混合、布氏漏斗真空抽滤的方法来实现的。

2.连续搅拌罐中的吸附

这一方法是将恒定浓度的料液,以一定流速连续流入搅拌罐,罐内初始时装有纯溶剂及一定量的新鲜吸附剂,则吸附剂上吸附相应的溶质,溶质的浓度随时间而变化,溶液不断地流出反应罐,其浓度也随时间而变化,由于罐内搅拌均匀,因此,罐内浓度等于出口溶液的浓度,整个过程处于稳态条件。当吸附速率等于零时,即不发生吸附,离开罐时溶质的浓度也随时间而变化,如果吸附速率无限快,出口液中溶质的浓度将迅速达到一个很低的值,然后缓慢增加,当吸附剂都为溶质饱和时,出口液中溶质的浓度又以与不发生吸附时相同的规律上升。在大多数情况下,吸附过程介于两者之间,吸附速率为一有限值,这一方法较适于大规模的分离。

3.固定床吸附

所谓固定床吸附是将吸附剂固定在一定的容器中,含目标产物的液体从容器的一端进入,经容器上部液体分布器分布,流经吸附剂后,从管子的另一端流出。

过程特点:操作开始时,绝大部分溶质被吸附,故流出液中溶质的浓度较低;随着吸附过程的继续进行,流出液中溶质的浓度逐渐升高,并且其升高的过程开始缓慢,后来加速,在某一时刻浓度突然急剧增大,此时称为吸附过程的"穿透",应立即停止操作。吸附质需先用不同 pH 的水或不同的溶剂洗涤床层,然后洗脱下来。

固定床吸附流体在介质层中基本上呈平推流,返混小,柱效率高。但固定床无法处理含颗粒的料液,因为它会堵塞床层,造成压力降增大而最终无法进行操作,所以固定床吸附前需先进行培养液的预处理和固液分离。

4. 膨胀床吸附

膨胀床吸附也称扩张床吸附,是将吸附剂固定在一定的容器中,含目标产物的液体从容器底端进入,经容器下端速率分布器分布,流经吸附剂层,从容器顶端流出。

整个吸附剂层吸附剂颗粒在通入液体后彼此不再相互接触(但不流化),而按自身的物理性质相对地处在床层中的一定层次上,实现稳定分组,由于吸附剂颗粒间有较大的空隙,料液中的固体颗粒能顺利通过床层。因此,膨胀床吸附除了可以实现吸附外,还能实现固液分离。

5. 流化床吸附

与膨胀床的床层膨胀状态不同,流化床内吸附粒子呈流化态。吸附操作是料液从床底以较高的流速循环输入,使固相产生流化,同时料液中的溶质在固相上发生吸附或离子交换作用连续操作中吸附粒子从床上方输入,从床底排出,料液在出口仅少量排出,大部分循环返回流化床,以提高吸附效率。

6. 模拟/移动床吸附操作

吸附操作中固相连续输入和排出吸附塔,与料液形成逆流接触流动,从而实现连续稳态的吸附操作。这种操作方法称移动床操作,在稳态操作条件下吸附床内吸附质的轴向浓度分布从上至下逐渐升高,再生床内吸附质的轴向浓度分布从上至下逐渐降低。

7. 其他类型的吸附

(1)离子交换吸附:离子交换吸附是利用离子交换树脂作为吸附剂的交换基团之间交换后而吸附在树脂上的过程。

(2)亲和吸附:是利用溶质(生物大分子)和树脂上的配基间特定的化学相互作用,而非范德华力引起的传统吸附或静电相互作用的离子交换吸附。亲和吸附具有较强的选择性。

(3)疏水作用吸附:利用疏水吸附剂上的脂肪族长链和生物分子表面上疏水区的相互作用而吸附生物大分子。一般疏水作用的强度随盐浓度的增加而增加。

(4)盐析吸附:这类吸附是由疏水吸附剂和盐析沉淀剂组合而成的。具体操作是将硫酸铵沉淀的蛋白质悬浮液,添加到一个用硫酸铵预平衡的吸附柱中,所用的柱子由纤维素或葡聚糖和琼脂糖组成。

(5)免疫吸附:利用抗原和抗体特异性结合的性质,设计专门针对蛋白质的固定化抗体吸附剂,来实现蛋白质特异性的吸附。

（6）固定金属亲和吸附：将金属离子经螯合固定在吸附基质上，利用金属离子与蛋白质上氨基酸中的电子供体能够形成配合物的性质而实现蛋白质的选择性吸附。

二、离子交换技术

（一）离子交换基本原理

1. 离子交换平衡

离子交换过程是离子交换剂中的活性离子（反离子）与溶液中的溶质离子进行交换反应的过程，当正反应、逆反应速率相等时，溶液中各种离子的浓度不再变化而达平衡状态，即称为离子交换平衡。

若以 L、S 分别代表液相和固相，以阳离子交换反应为例，则离子交换反应可写为：

$$A_L^{n+} + nR^- B_S^+ \rightleftharpoons nR^- A_S^{n+} + nB_L^+$$

则可得反应平衡常数为：

$$K_{AB} = \frac{[R_A][B]^n}{[R_B]^n[A]}$$

式中：$[A]$、$[B]$ 分别为液相离子 A^{n+}、B^+ 的活度（mmol/mL）；$[R_A]$、$[R_B]$ 分别为离子交换树脂相的 A^{n+}、B^+ 的活度（mol/g 干树脂）；K_{AB} 为反应平衡常数，又称离子交换常数。

2. 离子交换树脂的选择性

离子交换过程的选择性就是在稀溶液中某种树脂对不同离子交换亲和力的差异。离子与树脂活性基团的亲和力愈大，则愈容易被树脂吸附。一般在需分离的溶液中常存在着多种离子，探讨离子交换树脂的选择性吸附具有重要的实际意义。

假定溶液中有 A、B 两种离子，都可以被树脂 R 交换吸附，交换吸附在树脂上的 A 离子和 B 离子浓度分别用 R_A、R_B 表示，当交换平衡时，用下式讨论树脂 R 对 A 离子和 B 离子的吸附选择性：

$$K_A^B = [R_B]^a[A]^b/[R_A]^b[B]^a$$

式中：$[R_A]$、$[R_B]$ 分别为离子交换平衡时树脂上 A 离子和 B 离子的浓度；$[A]$、$[B]$ 分别为溶液中 A 离子和 B 离子的浓度（mmol/mL）；a、b 分别表示 A 离子和 B 离子的离子价。

当 K_A^B 越大，离子交换平衡的树脂对 B 离子的选择性越大，反之 K_A^B 小于 1 时，树脂对 A 的选择性大，即 K_A^B 可以定性地表示离子交换对 A 离子与 B 离子选择性的大小，称为选择性系数。

3. 离子交换过程和离子交换速率

（1）离子交换体系

由离子交换树脂、被分离的组分以及洗脱液等几部分组成。

①离子交换树脂：一种具有多孔网状立体结构的多元酸或多元碱,能与溶液中其他物质进行交换或吸附的聚合物。

②被分离的组分：存在于被处理的料液中,可进行选择性交换分离。

③洗脱液：是一些离子强度较大的酸、碱或盐等溶液,用以把交换到离子交换树脂外的目标离子重新交换到液相。

(2)离子交换操作步骤

主要有以下几步组成：

①树脂的选择：根据要分离的目标物质的性质来选择合适的树脂。目标物质是非离子型,则不能用离子交换法来分离;目标物质是离子型,则可能用离子交换法来分离。

②树脂预处理：

●物理处理：水洗、过筛,去杂,以获得粒度均匀的树脂颗粒。

●化学处理：转型(氢型或钠型),最后以去离子水或缓冲液平衡。

阳离子树脂酸—碱—酸
阴离子树脂碱—酸—碱

③离子交换吸附：离子交换法按操作方法可分为间歇式分批操作和柱式分批操作。

●间歇操作又叫静态处理,将离子交换剂浸泡于工作液中达到平衡后滤出介质进行洗脱。

●柱式操作又称动态法。交换、洗脱、再生等步骤均在柱内进行,亦称为离子交换层析法(Ion Exchange Chromatography,IEC)。

目前无论间歇操作还是层析分离,离子交换法已成为生物工程中一重要的分离方法,而且它还涉及生物反应器及反应机理的研究。

④洗脱：离子交换完成后,将树脂吸附的物质重新转入溶液的方法。

洗脱方法：改变溶液 pH 值;改变溶液离子强度。

⑤树脂再生：是离子交换树脂重新具有交换能力的过程。酸性阳离子树脂：酸—碱—酸—缓冲溶液淋洗;碱性阴离子树脂：碱—酸—碱—缓冲溶液淋洗,再生方式有：顺流再生和逆流再生。

(3)离子交换过程

①A^+溶液扩散到树脂表面。

②A^+树脂表面扩散到树脂内部的交换中心。

③在树脂内部的交换中心处,A^+与B^+发生交换反应。

④B^+从树脂内部交换中心处扩散到树脂表面。

⑤B^+再从树脂表面扩散到溶液中。

其中,①和⑤在树脂表面的液膜内进行,互为可逆过程,称为膜扩散或外部扩散过程；

①和④发生在树脂颗粒内部，互为可逆过程，称为粒扩散或内部扩散过程；③为离子交换反应过程。离子交换过程实际上只有三个步骤：外部扩散、内部扩散和离子交换反应。

(4)离子交换反应的速率

众所周知，多步骤过程的总速率决定于最慢一步的速率，最慢一步称为控制步骤。离子交换速率究竟取决于内部扩散速率还是外部扩散速率，要视具体情况而定。一般情况下，离子交换反应的速率极快，不是控制步骤。离子在颗粒内的扩散速率与树脂结构、颗粒大小、离子特性等因素有关；而外扩散速率与溶液的性质、浓度、流动状态等因素有关。

离子交换应用实例：离子交换法提取蛋白质。较无机离子的离子交换平衡复杂，其吸附行为与离子间的静电引力、氢键、疏水作用以及范德华力有关蛋白质是生物大分子物质，因此，其扩散行为也较无机离子复杂。

蛋白质离子交换分离的基本步骤：平衡、上样吸附、洗脱、再生。

4.影响离子交换的因素

(1)影响选择性的因素

①水合离子半径：半径越小，亲和力越大。

②离子化合价：高价离子易于被吸附。

③溶液 pH：影响交换基团和交换离子的解离程度，但不影响交换容量。

④离子强度：越低越好。

⑤有机溶剂：不利于吸附。

⑥交联度、膨胀度、分子筛：交联度大，膨胀度小，筛分能力增大；交联度小，膨胀度大，吸附量减少。

⑦树脂与粒子间的辅助力：除静电力以外，还有氢键和范德华力等辅助力。

(2)影响交换速率的因素

①颗粒大小：树脂颗粒增大直径，可有效提高离子交换速率。

②交联度：离子交换树脂载体聚合物的交联度大，树脂不易膨胀，则树脂的孔径小，离子内扩散阻力大，其内部扩散速率慢。所以当内扩散控制时，降低树脂交联度，可提高离子交换速率。

③温度：温度升高，离子内扩散、外扩散速率都将加快。实验数据表明，温度每升高 25℃，离子交换速率可增加 1 倍，但应考虑被交换物质对温度的稳定性。

④离子化合价：离子在树脂中扩散时和树脂骨架(和扩散离子的电荷相反)间存在库仑引力。被交换离子的化合价越高，库仑引力的影响越大，离子的内扩散速率越慢。

⑤离子的大小：被交换离子越小，内扩散阻力越小，离子交换速度越快。

⑥搅拌速率或流速：搅拌速率或流速愈大，液膜的厚度愈薄，外部扩散速率愈

高。当搅拌速率增大到一定程度后,影响逐渐减小。

⑦离子浓度:当离子浓度较低(<0.01 mol/L)时,离子浓度增大高,离子交换速率也成比例增加。但当离子达到一定浓度(0.01 mol/L)后,对交换速率增加的影响逐渐减小,此时交换速率已转为内扩散控制。

⑧被分离组分料液的性质:溶液粘度越大,交换速率越小。

⑨树脂被污染的情况:如果树脂不可逆吸附一些物质,离子交换容量会下降,交换速率就会下降;或者一些可溶性的物质堵塞在交换柱内或树脂孔隙中,也会引起交换速率下降。如果树脂柱堵塞,柱压会升高,流速会变慢。

(3)影响交换效率的因素

受交换层的影响最为明显,生产上为了提高离子的分离度或避免柱层较早到达漏出点,往往采用多根柱子串联或增大柱高。

(二)离子交换树脂

利用离子交换技术进行分离的关键是选择合适的离子交换剂。

1. 离子交换的分类

(1)结构组成

离子交换树脂是一种不溶于水及一般酸、碱和有机溶剂的有机高分子化合物,它的化学稳定性良好,并且具有离子交换能力,其活性基团一般是多元酸或多元碱。

其结构由三部分组成:①不溶性的三维空间网状结构构成的树脂骨架,使树脂具有化学稳定性;②是与骨架相联的功能基团;③是与功能基团所带电荷相反的可移动的离子,称为活性离子,它在树脂骨架中的进进出出,就发生离子交换现象。

(2)离子交换树脂的分类

①按树脂骨架的主要成分不同可分为苯乙烯型树脂(如001×7)、丙烯酸型树脂、多乙烯多胺—环氧氯丙烷型树脂(如330)、酚醛型树脂(如122)等。

②按制备树脂的聚合反应类型不同可划分为共聚型树脂(如001×7)、缩聚型树脂。

③按树脂骨架的物理结构不同可分为凝胶型树脂(也称微孔树脂)、大网格树脂(也称大孔树脂)、均孔树脂(也称等孔树脂)。

④按活性基团的性质不同可分为含酸性基团的阳离子交换树脂和含碱性基团的阴离子交换树脂。阳离子交换树脂可分为强酸性和弱酸性两种,阴离子交换树脂可分为强碱性和弱碱性两种,以这种分类方法最为常见。

⑤此外还有含其他功能基团的整合树脂、氧化还原树脂以及两性树脂等。

2. 离子交换树脂的命名方法

1997 年,中国原化工部颁布了新的规范化命名法,离子交换树脂的型号由 3 位阿拉伯数字组成。对于凝胶树脂:第 1 位数字 * 表示树脂的分类;第 2 位数字 * 表示树脂骨架的高分子化合物类型;第 3 位数字 * 表示顺序号;"×"表示连接符号;"×"之后的数字﹡表示交联度。

对于大孔树脂:在 3 位数字型号前加"大"字汉语拼音首位字母"D",表示为"D﹡﹡﹡"。详见图 4-2 和表 4-5。

图 4-2　离子交换树脂型号

表 4-5　离子交换树脂命名法中分类代号和骨架代号

代号	分类名称	骨架名称
0	强酸性	苯乙烯系
1	弱酸性	丙烯酸系
2	强碱性	酚醛系
3	弱碱性	环氧系
4	螯合性	乙烯哌啶系
5	两性	脲醛系
6	氧化还原	氯乙烯系

3.离子交换树脂的理化指标

(1)外观

有白色、黄色、黄褐色和棕色等;有透明的,也有不透明的,为了便于观察交换过程中色带的分布情况,多选用浅色树脂。大多数树脂为球形颗粒,少数呈膜状、棒状、粉末状或无定形状。商品树脂的粒度一般为 16～70 目(1.19～0.2mm),特殊规格为 200～325 目(0.074～0.044mm)。制药生产一般选用粒度为 16～60 目占 90% 以上的球形树脂。

(2)膨胀度

凝胶树脂的膨胀度随交联度的增大而减小。树脂上活性基团的亲水性越弱,活性离子的价态越高,水合程度越大,膨胀度越低。

(3)交联度

一般情况下,交联度越高,树脂的结构越紧密,溶胀性越小,选择性越高,大分子物质越难被交换。应根据被交换物质分子的大小及性质选择合适交联度的树脂。

(4)含水率

每克干树脂吸收水分的质量称为含水率,一般为 0.3～0.7g。树脂的交联度越高,含水量越低,干燥的树脂易破碎,故商品树脂常以湿态密封包装。干树脂初次使用前应用盐水浸润后,再用水逐步稀释,以防止暴胀破碎。

（5）真密度和视密度

单位体积的干树脂（或湿树脂）的质量称为干（湿）真密度；当树脂在柱中堆积时，单位体积的干树脂（或湿树脂）的质量称为干（湿）视密度，又称堆积密度。树脂的密度与其结构密切相关，活性基团越多，湿真密度越大；交联度越高，湿视密度越大。一般情况下，阳离子树脂比阴离子树脂的真密度大；凝胶树脂比相应的大孔树脂视密度大。

（6）交换容量

单位质量（或体积）干树脂所能交换离子的量，称为树脂的质量（体积）交换容量，表示为 mmol/g 干树脂或 mmol/mL 干树脂。交换容量是表征树脂活性基数量或交换能力的重要参数。一般情况下，交联度越低，活性基团数量越多，则交换容量越大。

在实际应用过程中，常用三个概念：理论交换容量、再生交换容量和工作交换容量。

①理论交换容量：是指单位质量（或体积）树脂中可以交换的化学基团总数，故也称总交换容量。

②工作交换容量：是指实际进行交换反应时树脂的交换容量，因树脂在实际交换时总有一部分不能被完全取代，所以工作交换容量小于理论交换容量。

③再生交换容量：是指树脂经过再生后所能达到的交换容量，因再生不可能完全，故再生交换容量小于理论交换容量。一般情况下，再生交换容量为 0.5～1.0 倍总交换容量；工作交换容量为 0.3～0.9 倍再生交换容量。

（7）稳定性

（1）化学稳定性：不同类型的树脂，其化学稳定性有一定的差异。一般阳离子型树脂比阴离子型树脂的化学稳定性更好，阴离子型树脂中弱碱性树脂最差。如聚苯乙烯型强酸性阳离子型树脂对各种有机溶剂、强酸、强碱等稳定，可长期耐受饱和氨水、$0.1mol/L$ $KMnO_4$、$0.1mol/L$ HNO_3 及温热 NaOH 等溶液而不发生明显破坏；而羟型阴离子树脂稳定性较差，故以氯型存放为宜。

（2）热稳定性：干燥的树脂受热易降解破坏。强酸、强碱的盐型比游离酸（碱）型稳定，聚苯乙烯型比酚醛型树脂稳定，阳离子型树脂比阴离子型树脂稳定。

（8）机械强度

机械强度是指树脂抵抗破碎的能力，一般用树脂的耐磨性能来表达。测定时，将一定量的树脂经酸、碱处理后，置于球磨机或振荡筛中撞击、磨损一定时间后取出过筛，以完好树脂的质量分数来表示。在药品分离中，对商品树脂的机械强度一般要求在 95% 以上。

（9）孔度、孔径、比表面积

孔度是指每单位质量或体积树脂所含有的孔隙体积，以 mL/g 或 mL/mL。表示。

　　凝胶树脂的孔径差别很大,主要决定于交联度,而且只在湿态时才有几纳米的大小。孔径的大小对离子交换树脂的选择性影响很大,对吸附有机大分子尤为重要。

　　比表面积是指单位质量的树脂所具有的表面积,以 m^2/g 表示。在合适孔径的基础上,选择比表面积较大的树脂,有利于提高吸附量和交换速率。

　　4.离子交换树脂的功能特性

　　(1)强酸性阳离子交换树脂

　　一般以磺酸基($-SO_3H$),如聚苯乙烯磺酸型它是以苯乙烯为母体,二乙烯苯为交联剂共聚后再经磺化引入磺酸基制成的聚苯乙烯磺酸型离子交换树脂。强酸性树脂活性基团的电离程度大,一般不受溶液 pH 的影响,在 pH 1～14 范围内均可进行离子交换反应.其交换反应如下:

$$RSO_3H + NaCl \longrightarrow RSO_3Na + HCl$$

其中,R－表示树脂的骨架。

　　此外,还有磷酸基[$-PO(OH)_2$]、次磷酸基[$-PHO(OH)$]作为活性基团的树脂具有中等强度的酸性。树脂在使用一段时间后要进行再生处理,但强酸型树脂用强酸进行再生处理,比较困难。

　　(2)弱酸性阳离子交换树脂

　　功能团可以为羧基($-COOH$),酚羟基($-OH$)等弱酸性基团。这类树脂的电离程度小,其交换性能和溶液的 pH 有很大关系。在酸性溶液中,这类树脂几乎不能发生交换反应,交换能力随溶液的 pH 增加而提高。其交换反应有如下几种:

　　①中和反应

$$RCOOH + NaOH \longrightarrow RCOONa + H_2O$$

　　因 RCOONa 在水中不稳定,易水解成 RCOOH,故羧酸钠型树脂不易洗涤到中性。一般洗到出口 pH9～9.5 即可,洗水量不宜过多。

　　②复分解反应

$$RCOONa + KCl \longrightarrow RCOOK + NaCl$$

　　110—Na 型树脂应用复分解反应原理进行链霉素的提取,其反应式为:

$$3RCOONa + Str^{3+} \longrightarrow (RCOO)_3Str + 3Na^+$$

　　与强酸树脂不同,弱酸树脂和 H^+ 的结合力很强,所以容易再生成氧型且耗酸量少。

　　(3)强碱性阴离子交换树脂

　　强碱性阴离子交换树脂是以季氨基为交换基团的离子交换树脂,活性基团有三甲氨基[$-N^+(CH_3)_3$](Ⅰ型)、二甲基-β-羟基乙氨基[$-N^+(CH_3)_2(C_2H_4OH)$](Ⅱ型),因Ⅰ型比Ⅱ型碱性更强,其用途更广泛.强碱性活性基团的电离程度大,它在酸性、中性甚至碱性介质中都可以显示离子交换功能。其交换反应有:

　　中和反应　$R-N(CH_3)_3OH + HCl \Longleftrightarrow R-N(CH_3)_3Cl + H_2O$

中性盐分解反应　　$R-N(CH_3)_3OH + NaCl \rightleftharpoons R-N(CH_3)_3Cl + NaOH$

复分解反应　　$R-N(CH_3)_3Cl + NaBr \rightleftharpoons R-N(CH_3)_3Br + NaCl$

这类树脂的氯型较羟型更稳定,耐热性更好,故商品大多数是氯型。强碱树脂与 OH 结合力较弱,再生时耗碱量较大。这类树脂常用的有 201×4 用于卡那霉素、庆大霉素、巴龙霉素、新霉素的精制脱色,201×7 用于无盐水的制备等。

(4)弱碱性阴离子交换树脂

此类树脂是以伯氨基($-NH_2$)、仲氨基($-NHR$)或叔氨基($-NR_2$)为交换基团的高于交换树脂。由于这些弱碱性基团在水中解离程度很小,仅在中性及酸性(pH<7)的介质中才显示离子交换功能,即交换容量受溶液 pH 的影响较大,pH 愈低,交换能力愈大。其交换反应有:

中和反应　　$R-NH_3OH + HCl \longrightarrow R-NH_3Cl + H_2O$

分解反应　　$2R-NH_3Cl + Na_2SO_4 \longrightarrow (R-NH_3)_2SO_4 + 2NaCl$

弱碱性基团与 OH— 结合力很强,所以易再生为羟型,且耗碱量少,生产上常用 330 树脂吸附分离头孢菌素 C,并用于博来霉素、链霉素等的精制。

(5)四类常规离子交换树脂的特性对比(见表 4-6)

表 4-6　四类常规树脂的特性比较

性能	阳离子交换树脂		阴离子交换树脂	
	强酸性	弱酸性	强碱性	弱碱性
活性基团	磺酸	羧酸	季氨	胺
pH 对交换能力的影响	无	在酸性溶液中交换能力很小	无	在碱性溶液中交换能力很小
盐的稳定性	稳定	洗涤要水解	稳定	洗涤时要水解
再生	需过量的强酸	很容易	需要过量的强碱	再生容易可用碳酸钠或氨
交换速度	快	慢(除非离子化后)	快	慢(除非离子化后)

(6)特殊类型的树脂

①大网格离子交换树脂

大网格离子交换树脂,又称大孔离子交换树脂,制造该类树脂时先在聚合物物料中加进一些不参加反应的填充剂(称致孔剂),聚合物形成后再用溶剂萃取法或水洗蒸馏法将致孔剂除去,这样在树脂颗粒内部就形成了相当大的孔隙。大孔离子交换树脂具有和大孔吸附剂相同的骨架结构,在大孔吸附剂合成后(加入致孔剂),再引入化学功能基团,便可得到大孔离子交换树脂。

大孔树脂通过在合成时加入惰性致孔剂,克服了普通凝胶树脂由于溶胀现象产生的"暂时孔"现象,从而强化了离子交换的功能,同时减少了凝胶树脂在离子交换过程中的"有机污染"现象（大分子不易洗脱），并且可以通过致孔剂选择调整孔径大小、树脂的比表面积，以适应不同的分离要求。大孔树脂的基本性能与凝胶树脂相似，因其制造时在树脂内部留下的孔径可达 100nm，甚至 1000nm 以上，故称"大孔"，而且此类空隙不因外界条件而变，因此又称为"永久孔"。由于大孔对光线的漫反射，从外观上看大孔树脂呈不透明状。大孔树脂和凝胶树脂比较情况见表 4-7。

表 4-7　大孔树脂和凝胶树脂孔结构及物理性能对比

凝胶型树脂	大网格树脂
外观半透明	外观不透明
空隙小	空隙大
孔由链—链距离造成	孔由链—链距离＋致孔剂造成
溶胀空隙	溶胀空隙＋永久空隙
均相结构	非均相结构
干燥/非水溶剂/浓电解质中空隙会倒塌	空隙是固有的，不会消失

②两性树脂

两性树脂包括热再生树脂和蛇笼树脂。它指同时含有酸、碱两种基团的树脂，有强碱—弱酸和弱酸—弱碱两种类型，其相反电荷的活性基团可以在同一分子链上，亦可以在两条相接近的大分子链上。如弱酸—弱碱合体的两性树脂室温下的脱盐反应：

$$RCOOH＋RNR_2＋NaCl \Longrightarrow RCOONa＋RNR_2HCl$$

这类树脂能用热水再生，主要是由于当温度自 25℃ 升至高 85℃ 时，水的离解度增加使 H^+ 和 OH^- 的浓度增大 30 倍，它们可作为再生剂。

蛇笼树脂兼有阴阳交换功能基，这两种功能基共价连接在树脂骨架上。这种树脂功能基相互很接近，可用于脱盐，使用后只需用大量水洗即可恢复交换能力。蛇笼树脂利用其阴阳两种功能基截留、阻滞溶液中的强电解质（盐），排斥有机物，使有机物先漏出在流出液中，这种分离方法称为离子阻滞法，常应用于糖类、乙二醇、甘油等有机物中的除盐。

③螯合树脂

这类树脂含有具有螯合能力的基团，既可以形成离子键，又可以形成配位键，对某些离子具有特殊选择力，主要用于脱除金属离子，如氨基酸树脂螯合的 Ca^{2+} 反应，用盐酸可进行再生。

④多糖基离子交换树脂

●离子交换纤维素

树脂骨架为纤维素，根据活性基团的性质可分为阳离子交换纤维素和阴离子交换纤维素两类。常用的离子交换纤维素有甲基磺酸纤维素、羧甲基纤维素、二乙基氨基乙基纤维素。离子交换纤维素具有开放性的支持骨架，大分子能自由地进入和迅速地扩散,故对大分子的吸附容量较大。离子交换纤维素上交换基团排列疏散,对大分子的吸附不是太牢固,用温和的条件便可将其洗脱下来,因此不致引起大分子的变性,同时它有较理想的回收率。离子交换纤维素主要特点有骨架松散、亲水性强、表面积大、交换容量大、吸附力弱、交换和洗脱条件温和、分辨率高,特别适用于分离那些水溶性的大分子物质,如蛋白质、多糖、酸性多糖等。

●采用淀粉或蔗糖制备

骨架为葡聚糖凝胶 sephadex,根据功能基团的不同,亦可分为阳离子交换和阴离子交换树脂,除了具有离子交换功能以外,兼有分子筛的功能,可提高分离的效率。常用的葡聚糖凝胶离子交换树脂:CM-sephadexC-25,DEAE-sephadexA-25 等。主要优点有载体亲水、对生物大分子变性小、分辨率高、比纤维素树脂交换容量大。但是也存在缺点,如洗脱液 pH 或离子强度变化时,凝胶体积变化大,影响流速等。

(7)有关计算

①密度计算

●干树脂真密度

$$\rho_R = \frac{W_R}{V_R}$$

式中:ρ_R——干树脂真密度(g/mL);

　　　W_R——干树脂重量(g);

　　　V_R——干树脂本身体积(mL)。

●湿溶胀树脂真密度

$$\rho_S = \frac{W_S}{V_S}$$

式中:ρ_S——溶胀树真密度(g/mL);

　　　W_S——湿树脂重量(g);

　　　V_S——湿树脂本身体积(mL)。

●湿树脂的表现密度(视密度、堆积密度、松装密度)

$$\rho_a = (1-\varepsilon)\rho_s$$

式中:ρ_a——表现密度(g/mL);

　　　ρ_s——湿树脂真密度(g/mL);

　　　ε——床层空隙率(体积基,%)。

②树脂用量计算

$$H = Q\frac{I_a - I_h}{C}nf_s$$

式中:H——树脂用量(L)

　　　I_a——进入交换器的杂质离子浓度或被处理溶液某离子浓度(mol/L);

　　　I_b——贯穿点的杂质离子或被处理溶液某离子浓度(mol/L);

　　　Q——处理溶液量(L);

C——树脂工作交换容量(mol/L);

f_s——保险系数或安全系数;

n——离子交换反应配平系数。

③再生剂或洗脱剂用量计算

$$V = \frac{nkCH}{I}$$

式中:V——再生剂或洗脱剂用量(L);

n——离子交换反应配平系数;

k——再生剂或洗脱剂用量超过理论用量倍数。

一般强酸(碱)型 k=3～4,弱酸(碱)型 k=1.1;

C——树脂工作交换容量(mol/L);

H——树脂用量(L);

I——再生剂或洗脱剂浓度(mol/L)。

(三)离子交换工艺

离子交换工艺主要包括离子交换过程、洗脱过程、树脂再生(活化)过程三个阶段,此外由于新树脂含有许多杂质,表面还有灰尘等污物,这些物质会影响交换效果和产品质量,树脂本身的型式也可能不适用于交换过程。因此树脂在使用之前,需进行预处理后方能使用。离子交换工艺过程主要操作步骤见图 4-3。

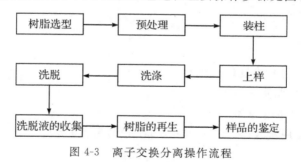

图 4-3　离子交换分离操作流程

1.离子交换树脂的选择

在工业应用中,对离子交换树脂的要求是:①具有较高的交换容量;②具有较好的交换选择性;③交换速度快;④具有在水、酸、碱、盐、有机溶剂中的不可溶性;⑤较高的机械强度,耐磨性能好,可反复使用;⑥耐热性好,化学性质稳定。离子交换树脂的选用应根据目标物质的理化性质及具体分离要求综合考虑多方面因素,一般应从以下几个方面考虑:

(1)被分离物质的性质和分离要求:包括目标物质和主要杂质的解离特性、分子量、浓度、稳定性、酸碱性的强弱、介质的性质以及分离的要求等方面,其关键是保证树脂对被分离物质与主要杂质的吸附力有足够大的差异。当目标物质有较强的碱性或酸性时,应选用弱酸性或弱碱性的树脂,这样可以提高选择性,利于洗脱。

(2)树脂可交换离子的型式:由于阳离子型树脂有氢型(游离酸型)和盐型(如钠型)、阴离子型树脂有羟型(游离碱型)和盐型(如氯型)可供使用,为了增加树脂活性、离子的解离度,提高吸附能力,弱酸和弱碱树脂应采用盐型,而强酸和强碱树脂则根据用途可任意使用,对于在酸性、碱性条件下不稳定的物质,不宜选用氢型或羟型树脂。盐型法适用于硬水软化、特定离子的去除、交换及抽提,但不适用于Cl^-与SO_4^{2-}的交换、脱色及抽提等。游离酸型或游离碱型的应用,除与盐型树脂有相同的作用外,还有脱盐的作用。

(3)合适的交联度:多数药物的分子较大,应选择交联度较低的树脂,以便于吸附。但交联度过小,会影响树脂的选择性,其机械强度也较差,使用过程中易造成破碎流失。所以选择交联度的原则是:在不影响交换容量的条件下,尽量提高交联度。

(4)洗脱难易程度和使用寿命:离子交换过程仅完成了一半分离过程,洗脱是非常重要的另一半分离过程,往往关系到离子交换工艺技术的可行性。从经济角度考虑,交换容量、交换速度、树脂的使用寿命等都是非常重要的选择参数。

2.离子交换树脂的预处理

(1)物理处理

商品树脂在预处理前要先去杂过筛,粒度过大时可稍加粉碎,对于粉碎后的树脂应进行筛选或浮选处理。经筛选去杂质后的树脂,往往还需要水洗以去除木屑、泥沙等杂质,再用酒精或其他溶剂浸泡以去除吸附的少量有机杂质。

(2)化学处理

化学处理的方法是用8~10倍的1mol/L的盐酸或氢氧化钠溶液交替搅拌浸泡。如732树脂在用于氨基酸分离前先以8~10倍树脂体积的1mol/L盐酸搅拌浸泡4h,反复用水洗至近中性后,再用8~10倍体积的1mol/L氢氧化钠溶液搅拌浸泡4h,反复用水洗至近中性后,再用8~10倍树脂体积的1mol/L盐酸搅拌浸泡4h,最后水洗至中性备用。

(3)转型

转型即树脂经化学处理后,为了发挥其交换性能,按照使用要求人为地赋予树脂平衡离子的过程。如化学处理732树脂的最后一步,用酸处理使之变为氢型树脂的操作也可称为转型。对于分离蛋白质、酶等物质,往往要求在一定的pH范围及离子强度下进行操作。因此,转型完毕的树脂还必须用相应的缓冲液平衡数小时后备用。缓冲液酸碱度的选择,取决于被分离物质的等电点、稳定性、溶解度和交换离子的pK值。使用阴离子交换树脂时要选用低于pK值的缓冲液,如果被分离的物质属于酸性,则缓冲溶液的pH要高于该物质的等电点。用阳离子交换树脂时要选用高于pK值的缓冲液,被分离的物质属于碱性时,缓冲液要低于该物质的等电点。

（4）装柱

离子交换树脂一般采用湿法填充，即将经过处理及缓冲液平衡的离子交换剂放入容器，加入适量溶液边搅拌边倒入交换柱内，使树脂缓慢沉降。装柱时不允许有气泡及分层现象产生。离子交换剂装柱之后，用水充分地逆冲洗涤，把树脂中的微粒、夹杂的尘埃溢流除去，同时驱逐树脂层的气泡，使交换柱内树脂颗粒填充均匀；停止逆洗，待树脂沉降后，以一定空速放去洗涤水。有时还需用几倍于柱体积的缓冲液进行平衡以确保离子交换剂的缓冲状态。当采用干燥树脂直接填充时，应特别注意其膨胀性。

3. 离子交换过程

离子交换过程是指被交换物质从料液中交换到树脂上的过程，分正交换法和反交换法两种。生产中应根据料液的粘度及工艺条件选择，大多采用正交换法（料液自上而下流经树脂）。当交换层较宽时，为了保证分离效果，可采用多罐串联正交换法。

在离子交换操作时必须注意，树脂层之上应保持有液层，处理液的温度应在树脂耐热性允许的最高温度以下，树脂层中不能有气泡。离子交换过程可以是将目标产物离子化后交换到介质上，而杂质不被吸附，从交换柱中流出，这种交换操作，目标产物需经洗脱收集，树脂使用一段时间后吸附的杂质接近饱和状态，就要进行再生处理。另外，离子交换过程也可将料液中杂质离子化后被交换，而目标产物不被交换直接流出收集，这种交换操作，一段时间后树脂也需经再生处理。为了避免在交换过程中造成交换柱的堵塞和偏流，样品溶液须经过滤或离心分离处理。

4. 洗脱过程

（1）洗涤

离子交换完成后，洗脱前树脂的洗涤工作相当重要，其对分离质量影响很大。洗涤的目的是将树脂上吸附的废液及夹带的大量色素和杂质除去。适宜的洗涤剂应能使杂质从树脂上洗脱下来，还不应和有效组分发生化学反应。如链霉素被交换到树脂上后，不能用氨水洗涤，因 NH_4^+ 与链霉素反应生成毒性很大的二链霉胺，也不能用硬水洗涤，因为水中的 Ca^{2+}、Mg^{2+} 等离子可将链霉素交换下来，造成收率降低，目前生产中使用软水进行洗涤。常用的洗涤剂有软化水、无盐水、稀酸、稀碱、盐类溶液或其他络合剂等。

（2）洗脱

离子交换完成后，将树脂吸附的物质释放出来重新转入溶液的过程称作洗脱。洗脱是用亲和力更强的同性离子取代树脂上吸附的目的产物。洗脱剂可选用酸、碱、盐、溶剂等。其中酸、碱洗脱剂是通过改变吸附物的电荷或改变树脂活性基团的解离状态，以消除静电结合力，迫使目的物被释放出来。盐类洗脱剂是通过高浓度的带同种电荷的离子与目的产物竞争树脂上的活性基团，并取而代之，使吸附物游离出来。

洗脱剂应根据树脂和目的产物的性质来选择。对强酸性树脂一般选择氨水、甲醇及甲醇缓冲液等作洗脱剂;弱酸性树脂用稀硫酸、盐酸等作洗脱剂;强碱树脂用盐酸-甲醇、醋酸等作洗脱剂。若被交换的物质用酸、碱洗不下来,或遇酸、碱易破坏,可以用盐溶液作洗脱剂,此外还可以用有机溶剂作洗脱剂。在常温稀水溶液中,离子的水化半径越小,价态越高,越易被树脂交换,但树脂饱和后,价态不再起主要作用,所以可以用低价态、较高浓度的洗脱剂进行洗脱。

洗脱过程是交换的逆过程,洗脱条件应尽量使溶液中被洗脱离子的浓度降低,一般情况下洗脱条件应与交换条件相反,如吸附在酸性条件下进行,洗脱应在碱性条件下进行;如吸附在碱性条件下进行,洗脱应在酸性条件下进行。洗脱流速应大大低于交换时的流速。为防止洗脱过程 pH 的变化对产物稳定性的影响,可选用氨水等较缓和的洗脱剂,也可选用缓冲溶液作为洗脱剂。若单靠 pH 变化洗脱不下来,可以试用有机溶剂,选择有机溶剂的原则是能和水混溶,并且对目标物溶解度较大。

洗脱方式分为静态洗脱和动态洗脱。一般来说,动态交换也作动态洗脱,静态交换也作静态洗脱。静态洗脱可进行一次,也可进行多次反复洗脱,旨在提高目的物收率。动态洗脱在离子交换柱上进行,在洗脱过程中,洗脱液的 pH 和离子强度可以始终不变,也可以按分离的要求人为地分阶段改变其 pH 和离子强度,这就是阶段洗脱,常用于多组分的分离上。

5. 树脂的再生(或称活化)

(1)树脂的再生和转型

离子交换树脂在工作过程中逐渐吸附被处理液中的杂质,经过一段时间后就接近"饱和"状态,离子交换能力降低,需要进行再生处理;或者树脂经使用后其型式与使用前型式不同,也需再生处理。所谓树脂的再生就是让使用过的树脂重新获得使用性能的处理过程,包括除去其中的杂质和转型,再生反应是交换吸附的逆反应。离子交换树脂一般可重复使用多次,但使用一段时间后,由于杂质的污染,必须进行再生处理才能使其交换能力得到最大恢复。

需要再生的树脂首先要去杂质,即用大量的水冲洗,以去除树脂表面和孔隙内部物理吸附的各种杂质,然后再用酸、碱、盐进行转型处理,除去与功能基团结合的杂质,使其恢复原有的静电吸附及交换能力,最后用清水洗至所需的 pH。已用过的树脂,如果在洗脱后,树脂的型式与下次吸附树脂所要求的型式相同,则洗脱的同时,树脂就基本得到再生,可直接重复使用,直到树脂上杂质对交换有明显影响时,再进行再生处理;但如果洗脱后树脂的型式不符合下次吸附时树脂所要求的型式,则需进行再生处理。如果树脂暂时不用则应浸泡于水中保存,以免树脂干裂而造成破损。

常用的再生剂有 1%～10% HCl、H_2SO_4、NaCl、NaOH、Na_2CO_3 及 NH_4OH 等。再生操作时,随着再生剂的通入,树脂的再生程度(再生树脂占全部树脂量的百分率)在不断增加,当上升到一定值时,再要提高再生程度就比较困难,必须耗用大量再生剂,很不经济,故通常控制再生程度在 80%～90%。

动态再生法既可采用顺流再生,也可采用逆流再生。对于顺流交换而言,当顺流再生时,未再生完全的树脂在床层的底部,残留离子会影响分离效果;相反,当逆流再生时,床层底部的树脂再生程度最高,分离效果稳定。动态再生法步骤如下:

①逆洗使树脂分离。动态再生法逆洗可使积压结实的树脂冲开松动,并且可以调整树脂的充填状态,树脂层中的杂质和气泡被溢流除去。逆洗的水量为树脂层原体积的 150%～170%,逆洗时间一般为 10min。

②将再生剂通过树脂层。逆洗完毕,树脂颗粒沉降后,将再生液通过树脂层,再生剂的选择原则一般为:H 型交换层用酸液;OH 型交换层用碱液;中性交换树脂(复分解反应的离子交换)层则用食盐。

如果离子交换树脂要完全再生,所用再生剂的量必须达到上表中理论量的 3～20 倍,很不经济。在实际工业生产中往往采用部分再生法,再生剂的用量仅需理论用量的 1.5～3 倍。

③树脂层的清洗。再生后要用清水对树脂层进行洗涤,以洗去其中的再生废液。工业上为了回收再生废液,往往先慢速冲洗以回收再生废液,然后快速冲洗。制药生产中所用的洗涤水一般为软水或无盐水。

④树脂的混合。洗涤后,对于混合床还需在其下部通入压缩空气搅拌,使两种树脂充分混匀备用。

(2)毒化树脂的逆转

树脂失去交换性能后不能用一般的再生手段重获交换能力的现象称为树脂的毒化。毒化的因素主要有大分子有机物或沉淀物严重堵塞孔隙、活性基团脱落、生成不可逆化合物等,重金属离子也会对树脂毒化。对已毒化的树脂用常规方法处理后,再用酸、碱加热到 40～50℃浸泡,以溶出难溶杂质;也可用有机溶剂加热浸泡处理。对不同的毒化原因须采用不同的逆转措施,不是所有被毒化的树脂都能逆转而重新获得交换能力。因此,使用时要尽可能减轻毒化现象的发生,以延长树脂的使用寿命。

第四节　工作任务

任务一　离子交换树脂交换容量的测定

(一)任务目标

(1)能够理解离子交换树脂交换容量的测定原理;

（2）会对离子交换树脂的预处理操作；

（3）能够熟练进行树脂装柱操作；

（4）学会处理实验数据并进行分析讨论。

（二）方法原理

交换容量是指每克干树脂所交换的相当于一价离子的物质的量，是衡量树脂性能的重要指标，一般使用树脂的交换容量为 $3\sim6\mathrm{mmol/g}$。

离子交换树脂的交换容量分为总交换容量和工作交换容量。

总交换容量的测定采用静态法：向一定量的 H 型阳离子树脂加入一定过量的 NaOH 标准溶液浸泡，当交换反应达到平衡时，用 HCl 标准溶液滴定过量的 NaOH。

$$RH + NaOH \Longrightarrow RNa + H_2O$$

工作交换容量的测定采用动态法：将一定量 H 型阳离子树脂装入交换柱中，用 Na_2SO_4 溶液以一定的流量通过交换柱。Na^+ 与 RH 发生交换反应，交换下来的 H^+ 用 NaOH 标准溶液滴定。

交换反应　$RH + Na^+ \Longrightarrow RNa + H^+$

滴定反应　$H^+ + OH^- \Longrightarrow H_2O$

（三）仪器材料和试剂

（1）仪器：50mL 碱式滴定管 1 支；25mL 酸式滴定管 1 支；250mL 锥形瓶 3 个；25mL 移液管 1 支；250mL 容量瓶 1 个；脱脂棉；烧杯。

（2）材料和试剂：$0.10\mathrm{mol/L}$ NaOH 标准溶液；$4\mathrm{mol/L}$ HCl 溶液；酚酞溶液；$0.5\mathrm{mol/L}$ Na_2SO_4 溶液；732 型阳离子交换树脂。

（四）操作步骤

1. 树脂的预处理

市售的阳离子交换树脂一般为 Na 型，使用前须将其用酸处理成 H 型：称取一定量的 732 型阳离子交换树脂于烧杯中，加 100mL $4\mathrm{mol/L}$ HCl 溶液，搅拌，浸泡 $1\sim2$ 天，以溶解除去树脂中的杂质，并使树脂充分溶胀。若浸出的溶液呈较深的黄色，应换新鲜的 HCl 溶液再浸泡一些时间，倾出上层 HCl 清液，然后用纯水漂洗树脂至中性，即得到 H 阳离子交换树脂 RH。

2. 装柱

用长玻棒将润湿的玻璃棉塞在交换柱的下部，使其平整，加 10mL 纯水。用 50mL 量筒量取 20mL 已处理成 H 型的树脂，转移到烧杯中，加入约 20mL 蒸馏水，用玻棒连水一起转移到交换柱中，要防止混入气泡。为防止加试液时，树脂被冲起，在上面亦铺一层玻璃棉。在装柱和以后的使用过程中，必须使树脂层始终浸泡在液面以下约 1cm 处。柱高约 15～20cm,用水冲洗树脂至流出液为中性,放出多余的水。

3.交换

向交换柱不断加入 0.5mol/L Na_2SO_4 溶液,用 250mL 容量瓶收集流出液,调节流量为 40～60 滴/min,流过 100mL Na_2SO_4 溶液后,经常检查流出液的 pH,直至留出液的 pH 与加入的 Na_2SO_4 溶液 pH 相同时,停止交换(共约需 120mL Na_2SO_4 溶液)。将收集液稀释至刻度,摇匀。

4.测定

用 25mL 移液管准确移取流出液于 250mL 锥形瓶中,加入 2 滴酚酞,用 0.1280mol/L NaOH标准溶液滴至微红色,半 min 不褪即为终点,平行测定三份。

5.树脂的回收

实验完毕,将滴定管中的树脂用自来水冲到回收盆中,取出脱脂棉,以便再生。

（五）结果与讨论

将实验数据记录,并进行计算分析。

	I	II	III
移取流出液的体积(mL)		25.00	
NaOH 溶液的终读数(mL)			
初读数(mL)			
用量(mL)			
工作交换容量 $=\dfrac{(cV)_{NaOH}}{m\times\dfrac{25.00}{250.0}}$ (mmol/g)			
平均值(mol/L)			
相对平均偏差(%)			

（六）注意事项

(1)树脂层中不能存留有气泡,如果树脂层中存留有气泡时,溶液将不是均匀地流过树脂层,而是顺着气泡流下,使某些部位的树脂没有发生离子交换,使交换洗脱不完全,影响分离效果。

(2)阳离子交换树脂和阴离子交换树脂处理时,通常用 4mol/L HCl 溶液浸泡 1～2 天,以溶解各种杂质,然后用蒸馏水洗涤至中性,浸于水中备用。

(3)装柱时先在柱下端铺一层玻璃纤维,加入蒸馏水,再倒入带水的树脂,使树脂自动下沉而形成交换层。树脂的高度一般约为柱高的 90%,为防止加试剂时树脂冲起,在柱的上端应铺一层玻璃纤维,并保持蒸馏水的液面略高于树脂,以防止树脂干裂而混入气泡。实验完毕,将树脂统一回收,以便再生。

任务二　阿卡波糖发酵液的脱盐操作

(一)任务目标

(1)知道阳离子交换树脂 CT151 和阴离子交换树脂 A845 的性能与作用；
(2)能够说出离子交换树脂脱盐的原理；
(3)能够熟练完成离子交换树脂脱盐的实验操作；
(4)能够对实验数据进行分析处理并得出结论。

(二)方法原理

利用阳离子树脂和阴离子树脂将发酵滤液中的无机杂质和色素吸附,而对产品阿卡波糖以及部分有机杂质不吸附的特点,将阿卡波糖发酵滤液进行粗提取。以此达到脱盐、脱色的目的,为下一步层析纯化提供合适的料液。

(三)仪器材料和试剂

1.仪器设备

pH 计；电导率仪等。

2.试剂和材料

阿卡波糖发酵滤液；树脂柱 2 只；50mL 烧杯；500mL 烧杯；1000mL 烧杯各 2 只；玻璃棒；试管；取样瓶若干；封口膜；pH 试纸；去离子水；CT151 阳离子树脂；A845 阴离子树脂等。

(四)操作步骤

1.树脂量取

根据处理的料液体积进行计算,量取所需的树脂量(计算方法:按树脂与滤液体积比为 1∶8,即每 100mL 树脂可以处理 800mL 料液)。

2.树脂装柱

先在柱子内装一部分去离子水,高度约为 10cm 即可,然后将取来的树脂倒掉或加一定的去离子水,控制湿度,一般树脂沉在下面,上面有 1cm 厚的水层即可；用玻璃棒搅拌使树脂成悬浮液,再用玻璃漏斗将树脂倒入柱子中,边加边搅拌烧杯里的树脂,使树脂一直处于悬液的状态(保证加入时的均匀度),加入速度要均匀。然后打开树脂柱柱底阀门开始排水,则待水面下降后补加树脂,并保证水面不低于树脂面。

3.料液检测

(1)发酵滤液中产品量计算:根据所需处理的发酵滤液体积和效价,计算待处理料液中阿卡波糖产品的量。

计算公式:阿卡波糖产品量(g)=发酵滤液体积(L)×效价(μg/mL)/1000

(2)用烧杯取少量发酵滤液,分别检测发酵滤液的 pH 值和电导率值。

4. 平衡

用去离子水进行平衡,调节流速 1/30BV。分别检测 CT151 树脂柱和 A845 树脂柱出水电导率小于 100μS/cm。

5. CT151 树脂上柱、收集

将发酵滤液接入到树脂柱上部,并调节树脂柱底阀门,调节流速为 1~1.5 倍树脂柱体积/h。在发酵滤液上柱 20min 后,开始检测柱底流出液 pH 值,当 pH 低于 2.5 时,开始收集柱底流出液。当发酵滤液上柱结束后,接入去离子水,用去离子水顶洗树脂柱 30min,并收集柱底流出液。用烧杯取少量 CT151 树脂柱流出液,分别检测料液的 pH 值和电导率值。

6. A845 树脂上柱、收集

当 CT151 树脂柱流出液收集到一定体积后,将流出液接入 A845 树脂柱上部,并调节树脂柱底阀门,调节流速为 1~1.5 倍树脂柱体积/h。在料液上柱 20min 后,开始收集柱底流出液。当料液上柱结束后,接入去离子水,用去离子水顶洗树脂柱 30min,并收集柱底流出液。

7. 收集液检测

将得到的 A845 树脂柱收集液(中和液)倒入量筒,量取体积并记录。用烧杯取少量中和液,分别检测中和液的 pH 值和电导率值,并与发酵滤液以及 CT151 树脂柱流出液的 pH 值和电导率值比较。适当用玻璃棒搅拌后,用取样瓶取半瓶中和液,盖好盖子,并用封口膜密封,最后贴上编号,中和液用高效液相检测效价。

8. 收率的计算

首先根据所得中和液的体积和效价,按照公式:阿卡波糖产品量(g)=中和液体积(L)×效价(μg/mL)/1000,计算得到中和液的产品量。然后按照公式:中和液产品量(g)/发酵滤液产品量(g)×100%=脱盐步骤收率,计算得到该步骤的收率。

(五)结果与讨论

通过检测得到的料液效价,计算该脱盐工序的收率,评价交换离子树脂脱盐效果。

(六)注意事项

(1)实际量取的树脂量一般可比理论值多出 10mL 左右,但不能少于装柱体积;

(2)料液过柱的过程中,要防止树脂漏空;

(3)判断好开始收集和结束收集的时刻。

自测训练

一、填空题

1. 离子交换剂由_____、_____和_____组成。平衡离子带_____为阳离子交换树脂,平衡离子带_____称阴离子交换树脂。

2. 常见的离子交换剂有_____、_____、_____等。

3. 离子交换树脂的基本要求有_____、_____、_____、_____和_____。

4. 影响离子交换选择性的因素主要有_____、_____、_____、_____、_____等。

5. 请写出下列离子交换剂的名称和类型:CM-C 的名称是_____,属于_____交换纤维素;DEAE-C 的名称是_____,属于_____交换纤维素。

6. 色谱聚焦是一种高分辨的新型的蛋白质纯化技术。它是根据_____,结合_____,能分离几百毫克蛋白质样品,洗脱峰被聚焦效应浓缩,分辨率很高,操作简单。

7. 写出下列离子交换剂类型:732 _____,724 _____,717 _____,CM-C _____,DEAE-C _____,PBE94 _____。

8. 在采用多缓冲阴离子交换剂作固定相的离子交换聚焦色谱过程中,当柱中某位点之 pH 值下降到蛋白质组分_____值以下时,它因带_____电荷而_____,如果柱中有两种蛋白组分,pH 值较_____者会超过另一组分,移动至柱下部 pH 较_____的位点进行_____。

9. 影响离子交换选择性的因素有_____、_____、_____、_____、_____。

10. 同时含有酸、碱两种基团的树脂叫_____。

二、选择题

1. 用钠型阳离子交换树脂处理氨基酸时,吸附量很低,这是因为( )。
   A. 偶极排斥　　　B. 离子竞争　　　C. 解离低　　　D. 其他

2. 在酸性条件下,用( )树脂吸附氨基酸有较大的交换容量。
   A. 羟型阴　　　B. 氯型阴　　　C. 氢型阳　　　D. 钠型阳

3. 离子交换树脂适用( )进行溶胀。
   A. 水　　　B. 乙醇　　　C. 氢氧化钠　　　D. 盐酸

4. 适合于亲脂性物质的分离的吸附剂是( )。
   A. 活性炭　　　B. 氧化铝　　　C. 硅胶　　　D. 磷酸钙

5. 离子交换剂不适用于提取( )物质。
   A. 抗生素　　　B. 氨基酸　　　C. 有机酸　　　D. 蛋白质

6. ( )是强酸性阳离子交换树脂的活性交换基团。

A. 磺酸基团($-SO_3H$)   B. 羧基($-COOH$)

C. 酚羟基(C_6H_5OH)   D. 氧乙酸基($-OCH_2COOH$)

7. 依离子价或水化半径不同，离子交换树脂对不同离子亲和能力不同。树脂对下列离子亲和力排列顺序正确的是(   )。

A. $Fe^{3+}>Ca^{2+}>Na^+$ B. $Na^+>Ca^{2+}>Fe^{3+}$

C. $Na^+>Rb^+>Cs^+$ D. $Rb^+>Cs^+>Na^+$

8. 离子交换法是应用离子交换剂作为吸附剂，通过(   )将溶液中带相反电荷的物质吸附在离子交换剂上。

A. 静电作用   B. 疏水作用   C. 氢键作用   D. 范德华力

9. 吸附剂和吸附质之间作用力是通过(   )产生的吸附称为物理吸附。

A. 范德华力   B. 库伦力   C. 静电引力   D. 相互结合

10. 酚型离子交换树脂则应在(   )的溶液中才能进行反应。

A. $pH>7$ B. $pH>9$ C. $pH<9$ D. $pH<7$

三、问答题

(1) 什么是吸附？吸附的种类有哪些？各有什么特点？

(2) 试述活性炭吸附剂的吸附特点。

(3) 什么叫离子交换分离技术？它有何特点？有何用途？

(4) 新树脂使用前应如何进行预处理？

(5) 洗脱的基本原理是什么？如何选择洗脱剂？

(6) 选用离子交换树脂是应考虑哪些条件？

(7) 什么是软水和无盐水？写出用 $001\times7(732)$ 和 D-152 树脂除去 Ca^{2+} 和 Mg^{2+} 的交换反应方程式。

(8) 阳离子树脂和阴离子树脂如何进行再生处理？

(9) 交换容量的定义及其影响因素有哪些？

(10) 树脂为什么要再生？如何再生？

参考文献

[1] 刘冬主编. 生物分离技术. 北京：高等教育出版社，2007.

[2] 刘家祺主编. 分离过程和技术. 天津：天津大学出版社，2001.

[3] 田亚平主编. 生化分离技术. 北京：化学工业出版社，2006.

[4] 欧阳平凯，胡永红主编. 生物分离原理及技术. 北京：化学工业出版社，1999.

[5] 辛秀兰主编. 生物分离与纯化技术. 北京：科学出版社，2005.

[6] 于文国等主编. 生化分离技术. 北京：化学工业出版社，2006.

[7] 黄维菊，魏星主编. 膜分离技术概论. 北京：国防工业出版社，2008.

[8] 孙彦主编. 生物分离工程. 北京：化学工业出版社，2005.

项目五　利用层析技术对物质进行分离

知识目标

层析分离技术的定义和特点；

层析分离的种类；

层析分离技术的基本原理和类型；

常见的层析分离方法及基本操作。

能力目标

了解层析分离技术特点；

能比较好地根据项目设计层析方法和选择层析技术；

能熟练地排除层析过程中的故障和问题。

素质目标

能独立按照要求进行项目设计；

培养诚实守信、吃苦耐劳的品德；

实事求是，不抄袭、不编造数据；

具有良好的团队意识和沟通能力，能进行良好的团队合作；

具有良好的 5S 管理意识和安全意识。

第一节　层析分离技术的概述

层析技术是利用混合物中各组分在分子亲和力、吸附力、分子形状和大小、分配系数等理化性质之间的差异而建立起来的技术，其早在 1903 年就被应用于植物色素的分离提取，使得各种颜色色素按顺序排列成色谱，所以也被称为色谱分离法。1931 年有人用氧化铝柱分离出了胡萝卜素的两种同分异构体，显示出了这一分离技术的高度分辨力，从此引起了人们的广泛注意。随着人们认识和实践的提高以及物理化学技术的发展，其应用范围更加广泛，没有颜色的物质同样可用此法分离。自 20 世纪 50 年代开始，层析技术得到了迅猛发展，薄层层析、亲和层析、吸附层析、凝胶层析、离子交换层析、分配层析等各种形式的技术迅速发展起来,更相继出现了气相层析和高压液相层析技术。在生物化学领域里,层析技术已成为一项最常用的分离分析方法。

层析系统主要由固定相和流动相组成。固定相是由层析基质组成的,它包括固体物质(如吸附剂、离子交换剂)和液体物质(如固定在纤维素或硅胶上的溶液)。这些物质能与有关化合物进行可逆的吸附、溶解和交换作用。流动相指在层析过程中推动被分离物质向一定方向移动的液体或气体。

当流动相中的各组分进入固定相后,由于各组分在理化性质上的差异,不同组分与流动相和固定相之间相互作用(吸附、解吸、溶解、结合、离子交换等)的能力不同,在两相中的分配(含量比)也就不同,分配大的组分与固定相的相互作用强,在固定相中保留值大移动速度慢;反之,分配小的组分与固定相的相互作用弱,在固定相中保留值小移动速度快。随流动相向前不断移动,各组分不断地在两相中进行再分配,这一差异被逐步扩大,使得各组分在固定相中不同位置得到保留,最后,随着流动的相进一步洗脱导致各组分按先后不同的次序从固定相中被洗脱出来,进而可得到样品中所含的各单一组分,达到分离目的。层析技术不但能分离有机化合物,还能分离无机物,更主要的是适合于分离分析生物高分子物质,其分离范围广,适用性强且灵敏度高,既可用于纯化制备,又用作分离检测。

层析技术作为一项强大的纯化工具,对于制药纯化、蛋白质纯化等方面的应用极大地提高了生物制药、基因工程等多种行业的发展速度。此外,层析技术对于分析检测行业中各类化学成分的分离鉴定工作也起到了重大的推动作用。基于层析原理而研发的液相色谱分析仪和气相色谱分析仪已成为各行各业检验检测技术部门不可或缺的仪器设备之一。

第二节　任务书

表 5-1　"大孔树脂 AB-8 的预处理及装柱"项目任务书

工作任务	AB-8 大孔树脂的预处理和装柱
任务描述	根据任务要求,需要利用 AB-8 大孔树脂进行样品——茶黄素的分离。对于 AB-8 树脂,各小组根据任务要求,需进行前处理,并装柱。
目标要求	(1)掌握对装柱树脂进行预处理的基本操作; (2)掌握 AB-8 树脂的装柱的基本操作; (3)熟悉装柱过程中的注意事项。
操作人员	生物制药技术专业学生分组进行实训,教师考核检查。

表 5-2　"大孔树脂 AB-8 对茶黄素分离"项目任务书

工作任务	大孔树脂 AB-8 对茶黄素分离
任务描述	各小组根据前期准备,利用预处理完成并装柱好的大孔树脂,将样品中的茶黄素进行分离。
目标要求	(1)掌握 AB-8 树脂进行茶黄素分离的基本操作; (2)熟悉分离过程的注意事项; (3)掌握基本分离原理。
操作人员	生物制药技术专业学生分组进行实训,教师考核检查。

第三节　知识介绍

一、层析的基本原理

层析的基本原理就是根据混合物中溶质在互不相溶的两相之间分配行为的差别,进而引起保留值的不同而进行分离的方法。不同层析分离技术中溶质在两相间分配分离的原理,依据其理化性质及与两相发生相互作用方式等的不同而有所差别,但其结果都是根据溶质在两相中分配能力的不同,从而达到将各组分分离的目的。层析技术即可用于规模化的生产过程,也可用作分析检测手段,其分离效率高、应用范围广且选择性较强,特别是当下的一些在线检测的层析分离技术,更具有灵敏度高、分离速度快、自动化程度高等优点。

二、层析技术基本分类

层析技术是色层分离类相关技术的总称,包括低压的层析分离和高压的色谱分离。

从使用条件上来看,层析的载体一般为软基质的凝胶,一般只适合在低压下操作。而色谱的载体一般为高强度的经过表面改性的硅胶、聚甲基丙烯酸或聚苯乙烯材料,可以在高压下使用。

层析分离一般生物大分子或酶的批量纯化,一般可以大批量进行;而色谱分离则用于具有生物活性的小分子物质的分离纯化,样品量较小,可用在产品的精制阶段。

层析技术的分类可按多种方式,其主要的分类有以下几种:

（一）按两相状态分类

在按流动相状态分类的"液相层析"（liquid chromatography）和"气相层析"（gas chromatography）基础上，可以进一步按照固定相种类将"液相层析"分为液-固层析（liquid-solid chromatography）和液-液层析（liquid liquid chromatography）；将"气相层析"分为气-固层析（gas-solid chromatography）和气-液层析（gas-liquid chromatography）。

（二）按操作使用形式分类

按操作使用形式分类，则可分为柱层析、纸层析、薄层层析。

1. 柱层析（column chromatography）

将固定相填充进圆柱管中，再将样品加载至柱子上后，通过特殊溶剂将样品各组分从柱子上洗脱下来的过程（图 5-1）称为柱层析。

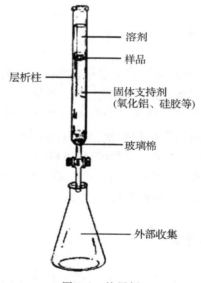

图 5-1 柱层析

固定相填充的方式可分为湿法和干法两种。湿法装柱是先把固定相用适当的溶剂拌匀后，再填入柱子中，然后再加压用淋洗剂"走柱子"，本法最大的优点是柱子装得一般都比较结实，没有气泡。干法装柱则是直接往柱子里填入固定相，然后再轻轻敲打柱子两侧，至固定相界面不再下降为止。填入固定相至合适高度后，再用泵直接抽，这样就会使得柱子装得很结实。固定相填充（装柱）不论用湿法还是干法，固定相的上表面一定要平整，并且其高度有相应规定，太短可能分离效果不好，太长了也会由于扩散或拖尾导致分离效果不好。

2. 纸层析（column chromatography）

以纸作为载体，点样后，用适宜的流动相展开以达到分离的方法称为纸层析。纸层析固定相一般为纸纤维上吸附的水分或使纸吸留住其他物质作为固定相，流动相则为不与水相溶的有机溶剂（图 5-2）。

分析时，将试样点在纸条的一端，然后在密闭的槽中（层析缸）用适宜溶剂进行展开。当组分移动一定距离后，各组分移动距离不同，最后形成互相分离的斑点。将纸取出，待溶剂挥发后，用显色剂或其他适宜方法确定斑点位置。根据组分移动距离与已知样比较，进行定性。再用斑点扫描仪或将组分点取下，以溶剂溶出组分，用适宜方法定量（如光度法、比色法等）。

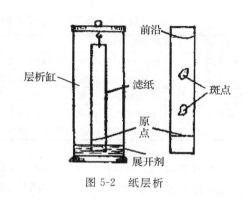

图 5-2　纸层析

3. 薄层层析（thin layer chromatography）

将吸附剂、载体或其他活性物质均匀涂铺在平面板（如玻璃板、塑料片、金属片等）上形成薄层（常用厚度为 0.25mm 左右）后，在此薄层上进行层析分离的分析方法称为薄层层析。它兼备了柱层析和纸层析的特点：一方面适用于少量样品（几到几微克，甚至 0.01 微克）的分离；另一方面在制作薄层板时，把吸附层加厚加大，因此，又可用来精制样品。

薄层层析展开有多种方式，以上行法最为常用，即将薄层板垂直或倾斜放置，将展开溶剂加于底部，使之自下向上移动。下行法则为用滤纸将溶剂引至薄层上端，使其自上向下流动。平行展开时，将板平放，溶剂被吸上至薄层板点有样品的一端，进行展开。展开一次后取出薄层板使溶剂挥发，再用同一溶剂或换用其他溶剂再次沿此方向展开的称多次展开（图 5-3）。

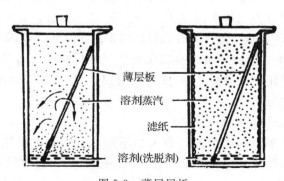

图 5-3　薄层层析

(三)按层析机制分类

按层析过程所主要依据的物理化学原理分类，又可分为吸附层析、分配层析、离子交换层析、凝胶层析、亲和层析等。如表 5-3 所示。

表 5-3　基于不同层析机制的层析技术分离原理

名称	分离原理
吸附层析	组分分子在固定相吸附能力的不同
分配层析	不同组分在固定相和流动相之间分配系数的不同
离子交换层析	流动相中组分离子与交换剂上平衡离子进行可逆交换时结合能力的不同
凝胶层析	分子量大小不同而阻滞作用的不同
亲和层析	生物分子的特定结构部位能够同其他分子相互识别并结合

1.吸附层析(adsorption chromatography)

利用固定相吸附对组分分子吸附能力的差异实现对混合物的技术，其分离过程是流动相分子与物质分子竞争固定相吸附中心的过程称为吸附层析。吸附剂的吸附力强弱，是由能否有效地接受或供给电子，或提供和接受活泼氢来决定。被吸附物的化学结构如与吸附剂有相似的电子特性，吸附就更牢固。常用吸附剂的吸附力的强弱顺序为：活性炭＞氧化铝＞硅胶＞氧化镁＞碳酸钙＞磷酸钙＞石膏＞纤维素＞淀粉和糖。

2.分配层析(partition chromatography)

利用不同组分在固定相与流动相之间分配系数的差异来实现分离的方法称为分配层析。分配层析的固定相一般为液相的溶剂，依靠图布、键合、吸附等手段分布于柱或者担体表面，其过程本质上是组分分子在固定相和流动相之间不断达到溶解平衡的过程。

3.离子交换层析(ion-exchange chromatography)

以离子交换剂为固定相，依据流动相中的组分离子与交换剂上的平衡离子进行可逆交换时的结合力大小的差别而进行分离的一种层析方法称为离子交换层析。离子交换层析中，基质是由带有电荷的树脂或纤维素组成，带有正电荷的称之阳离子交换树脂；而带有负电荷的称之阴离子交换树脂。目前在生物化学及临床生化检验中其主要用于分离氨基酸、多肽及蛋白质，也可用于分离核酸、核苷酸及其他带电荷的生物分子。

4.凝胶层析(gel chromatography)

凝胶层析是按照不同组分分子量大小不同而有不同阻滞作用进行分离的技术，又称之凝胶过滤，分子筛层析或排阻层析。它的突出优点是层析所用的凝胶属于惰性载体，不带电荷，吸附力弱，操作条件比较温和，可在相当广的温度范围下进行，不需要有机溶剂，并且对分离成分理化性质的保持有独到之处，对于高分子物质有很好的分离效果。

5. 亲和层析(affinity chromatography)

基于生物分子中有些分子的特定结构部位能够同其他分子相互识别并结合的原理而进行的分离技术称为亲和层析。例如酶与底物的识别结合、受体与配体的识别结合、抗体与抗原的识别结合等的结合既是特异的又是可逆的,改变某些条件可以使这种结合解除,生物分子间的这种结合能力被称为亲和力。

将具有特殊结构的亲和分子制成固相吸附剂放置在层析柱中,当要被分离的蛋白混合液通过层析柱时,与吸附剂具有亲和能力的蛋白质就会被吸附而滞留在层析柱中。那些没有亲和力的蛋白质由于不被吸附,直接流出,从而与被分离的蛋白质分开,然后选用适当的洗脱液,改变结合条件将被结合的蛋白质洗脱下来,达到分离纯化蛋白质的目的。此法具有高效、快速、简便等优点。

三、常见层析分离技术的选择和比较

(一)凝胶过滤层析技术

1. 基本原理

凝胶过滤层析也称分子筛层析、排阻层析,其基本原理是利用具有网状结构的凝胶的分子筛作用,根据被分离物质的分子大小不同来进行分离。层析柱中的填料是某些惰性的多孔网状结构物质,多是交联的聚糖(如葡聚糖或琼脂糖)类物质,小分子物质能进入其内部,流下时路程较长,而大分子物质却被排除在外部,下来的路程短,当一混合溶液通过凝胶过滤层析柱时,溶液中的物质就按不同分子量筛分开了。

2. 优缺点

凝胶层析技术具有设备简单、操作方便、所需条件温和、样品回收率高、重复性好、分离分子量的覆盖面大、不改变样品生物学活性等优点。

但是其凝胶强度低,可耐受压力较低,通常低于 0.2 个大气压,故流速较低,通常线速度小于 20cm/h,因而凝胶层析处理速度较慢。

3. 选择依据

凝胶层析最关键就是凝胶种类的选择。一般根据所需凝胶体积,估计所需干胶的量,而凝胶的粒度也可影响层析分离效果,粒度细胞分离效果好,但阻力大,流速慢。目前常见的凝胶有交联葡聚糖凝胶、琼脂糖凝胶、聚丙烯酰胺凝胶和聚苯乙烯凝胶。

不同规格型号交联葡聚糖凝胶用英文字母 G 表示,反映凝胶的交联程度,膨胀程度及分部范围,G 后面的阿拉伯数为凝胶得水值。

琼脂糖凝胶是依靠糖链之间的次级链如氢键来维持网状结构,网状结构的疏密依靠琼脂糖的浓度。一般情况下,它的结构是稳定的,可以在许多条件下使用

(如水,pH 4～9 范围内的盐溶液)。琼脂糖凝胶在 40℃ 以上开始融化,也不能高压消毒,可用化学灭菌活处理。

聚丙烯酰胺凝胶是一种人工合成凝胶,是以丙烯酰胺为单位,由甲叉双丙烯酰胺交联成的,经干燥粉碎或加工成形制成粒状,控制交联剂的用量可制成各种型号的凝胶。交联剂越多,孔隙越小。聚丙烯酰胺凝胶的商品为生物胶-P,P 后面的数字再乘 1000 就相当于该凝胶的排阻限度。

聚苯乙烯凝胶具有大网孔结构,可用于分离分子量 1600～40000000 的生物大分子,适用于有机多聚物,分子量测定和脂溶性天然物的分级,凝胶机械强度好,洗脱剂可用甲基亚砜。

4. 应用

(1)脱盐。主要是指高分子(如蛋白质、核酸、多糖等)溶液中的低分子量杂质,可以用凝胶层析法除去,这一操作称为脱盐,其脱盐操作简便、快速、蛋白质和酶类等在脱盐过程中不易变性。同时,为了防止蛋白质脱盐后溶解度降低会形成沉淀吸附于柱上,一般用醋酸铵等挥发性盐类缓冲液使层析柱平衡,然后加入样品,再用同样缓冲液洗脱,收集的洗脱液用冷冻干燥法除去挥发性盐类。

(2)凝胶过滤层析也常用于分离提纯。目前已广泛用于酶、蛋白质、氨基酸、多糖、激素、生物碱等物质的分离提纯。而且,凝胶对热原有较强吸附力,可用来去除去离子水中致热原制备注射用水。

(3)凝胶过滤层析还可以用于测定高分子物质的分子量。用一系列已知分子量的标准品放入同一凝胶柱内,在同一条件下层析,记录每一 min 成分的洗脱体积,并以洗脱体积对分子量的对数作图,在一定分子量范围内可得一直线,即分子量的标准曲线。测定未知物质的分子量时,可将此样品加在测定了标准曲线的凝胶柱内洗脱后,根据物质的洗脱体积,在标准曲线上查出它的分子量。

(4)凝胶过滤层析也可运用在分子溶液的浓缩。通常将 Sephadex G-25 或 50 干胶投入到稀的高分子溶液中,这时水分和低分子量的物质就会进入凝胶粒子内部的孔隙中,而高分子物质则排阻在凝胶颗粒之外,再经离心或过滤,将溶胀的凝胶分离出去,就得到了浓缩的高分子溶液。

(二)亲和层析技术

1. 基本原理

亲和技术的基本原理是利用待分离物质和它的特异性配体间具有的特异亲和力,从而达到分离的目的。亲和分离中需将可亲和的一对分子中的一方以共价键形式与不溶性载体相连作为固定相吸附剂,当含混合组分的样品通过此固定相时,只有和固定相分子有特异亲和力的物质被固定相吸附结合,无关组分则随流动相流出,之后再通过改变流动相组分将结合的亲和物洗脱下来。

亲和层析中所用的载体称为基质,与基质共价连接的化合物称配基。具有专一亲和力的生物分子对主要有抗原与抗体、DNA 与互补 DNA 或 RNA、酶与底物、激素与受体、维生素与特异结合蛋白、糖蛋白与植物凝集素等。

2．优缺点

亲和层析法是分离蛋白质的一种极为有效的方法，它经常只需经过一步处理即可使某种待提纯的蛋白质从很复杂的蛋白质混合物中分离出来，而且纯度很高。其是最有效的生物活性物质纯化方法，对生物分子选择性的吸附和分离，可以取得很高的纯化倍数。此外蛋白在纯化过程中得到浓缩，结合到亲和配基后，性质更加稳定，其结果提高了活性回收率。它还可以减少纯化步骤，缩短纯化时间，对不稳定蛋白的纯化十分有利。

但是，除特异性的吸附外，仍然会因分子的错误识别和分子间非选择性的作用力而吸附一些杂蛋白质，令洗脱过程中的配体不可避免地脱落进入分离体系。而且，其载体较昂贵，机械强度低，配基制备困难，有的配基本身要经过分离纯化，配基与载体偶联条件激烈。

3．选择依据

适当的载体选择是亲和层析是否成功的关键。因为载体是负载配基的固定支持物，直接影响生物分子间的相互作用，理想的载体应具备以下特点：均一而有一定硬度，不溶于水；多孔网状结构，易为大分子渗透；具有相当数量的可供偶联反应的基团；没有吸附能力，不会发生非专一吸附；有足够的化学稳定性，经得起与配基的连接、吸附、洗脱和再生；不受微生物腐蚀和酶解，并具有亲水性。

4．应用

（1）抗原和抗体。利用抗原、抗体之间高特异的亲和力而进行分离的方法又称为免疫亲和层析。例如将抗原结合于亲和层析基质上，就可以从血清中分离其对应的抗体。在蛋白质工程菌发酵液中所需蛋白质的浓度通常较低，用离子交换、凝胶过滤等方法都难于进行分离，而亲和层析则是一种非常有效的方法。将所需蛋白质作为抗原，经动物免疫后制备抗体，将抗体与适当基质偶联形成亲和吸附剂，就可以对发酵液中的所需蛋白质进行分离纯化。

（2）生物素和亲和素。生物素和亲和素之间具有很强而特异的亲和力，可以用于亲和层析。如用亲和素分离含有生物素的蛋白等。另外，可以利用生物素和亲和素间的高亲和力，将某种配体固定在基质上。例如将生物素酰化的胰岛素与以亲和素为配体的琼脂糖作用，通过生物素与亲和素的亲和力，胰岛素就被固定在琼脂糖上，可以用于亲和层析分离与胰岛素有亲和力的生物大分子物质。很多种生物大分子可以用生物素标记试剂作用结合上生物素，并且不改变其生物活性，这使得生物素和亲和素在亲和层析分离中有更广泛的用途。

（3）维生素、激素和结合转运蛋白。通常结合蛋白含量很低，用通常的层析技术难于分离。利用维生素或激素与其结合蛋白具有强而特异的亲和力而进行亲和层析则可以获得较好的分离效果。由于亲和力较强，所以洗脱时可能需要较强烈的条件,另外可以加入适量的配体进行特异性洗脱。

(4)激素和受体蛋白。激素的受体蛋白属于膜蛋白,利用去污剂溶解后的膜蛋白往往具有相似的物理性质,难于用通常的层析技术分离。但去污剂溶解通常不影响受体蛋白与其对应激素的结合。所以利用激素和受体蛋白间的高亲和力而进行亲和层析是分离受体蛋白的重要方法。目前已经用亲和层析方法纯化出了大量的受体蛋白,如乙酰胆碱、肾上腺素、生长激素、吗啡、胰岛素等多种激素的受体。

(5)凝集素和糖蛋白。用适当的糖蛋白或单糖、多糖作为配体也可以分离各种凝集素。洗脱时只需用相应的单糖或类似物,就可以将待分离的糖蛋白洗脱下来。其能识别特殊的糖,因此可以用于分离多糖、各种糖蛋白、免疫球蛋白、血清蛋白甚至完整的细胞。用凝集素作为配体的亲和层析是分离糖蛋白的主要方法。

(6)辅酶。核苷酸及其许多衍生物、各种维生素等是多种酶的辅酶或辅助因子,利用它们与对应酶的亲和力可以对多种酶类进行分离纯化。例如固定的各种腺嘌呤核苷酸辅酶等,可以用于分离各种激酶和脱氢酶。

(7)氨基酸。固定化氨基酸是多用途的介质,通过氨基酸与其互补蛋白间的亲和力,或者通过氨基酸的疏水性等性质,可以用于多种蛋白质、酶的分离纯化。

(8)分离病毒、细胞。利用配体与病毒、细胞表面受体的相互作用,亲和层析也可以用于病毒和细胞的分离。利用凝集素、抗原、抗体等作为配体都可以用于细胞的分离。例如各种凝集素可以用于分离红细胞以及各种淋巴细胞,胰岛素可以用于分离脂肪细胞等。由于细胞体积大、非特异性吸附强,所以亲和层析时要注意选择合适的基质。

(三)纸层析、薄层层析技术

1.基本原理

纸层析是以滤纸纤维及其结合水作为固定相,以有机溶剂作为流动相进行层析分离的技术。纸层析的分离原理属于吸附层析分离,是基于滤纸纤维和水有较强的亲和力,而与有机溶剂的亲和力甚弱,样品点上的溶质在水相和有机相之间进行分配时,一部分溶质离开原点随有机相移动,进入无机溶质区,此时又重新进行分配,一部分溶质从有机相移入水相。当有机相不断流动时,溶质也就不断进行分配,沿着有机相方向移动。溶质中各种不同组分有不同的分配系数,移动速率也不相同,从而使物质得以分离和提纯。

薄层层析则是在纸层析基础上,将作为固定相的支持剂(吸附剂、纤维素等)涂于支持板上(一般为玻璃板)进行的一种层析技术。如果支持剂是吸附剂,其主要依据是吸附力的不同,应属吸附层析,如果支持剂是纤维素,其主要依据是分配系数的不同,则属分配层析。

2.优缺点

薄层制备层析优点是操作方便、设备简单、显色容易,它既适用于只有 $0.01\mu g$

的样品分离,又能分离大于 500mg 的样品作制备用,而且还可以使用如浓硫酸、浓盐酸之类的腐蚀性显色剂;同时展开速率快,一般仅需 15～20min;分辨力一般比纸层析高。缺点就是无法同时处理大量样品,另外塔板数有限,对生物高分子的分离效果不甚理想。

纸层析易于操作,需要设备以及试剂较为简单易得,经济快捷。但是其只适用于简单粗略的定性试验,例如氨基酸的分离鉴定等。虽然也可用于定量,但精确度不高,故应用不普及。

3. 选择依据

薄层层析和纸层析技术选择的关键是展开剂的选择。展开剂的选择主要根据样品的极性、溶解度和吸附剂的活性等因素来考虑,在进行薄层层析时,首先应该知道未知化学成分的类型,其极性的大致归属,从提取液或从色谱柱的流动相极性可知。选择适当的展开剂是首要任务,一般常用溶剂按照极性从小到大的顺序排列大概为:石油醚<己烷<苯<乙醚<THF<乙酸乙酯<丙酮<乙醇<甲醇。使用单一溶剂,往往不能达到很好的分离效果,往往使用一个高极性和低级性溶剂组成的混合溶剂,高极性的溶剂还有增加区分度的作用,展开剂的比例要靠尝试,直到找到一个分离效果好的展开剂。

4. 应用

(1)在环境分析测试中,有时用纸层析法分离试样组分,它用于一些精度不高的分析。另外,纸层析法一般用于叶绿体中色素的分离,叶绿体中色素主要包括胡萝卜素、叶黄素、叶绿素 a、叶绿素 b,它们在层析液中的溶解度不同,溶解度大的随层析液在滤纸上扩散也快,反之则慢;含量较多者色素带也较宽。最后在滤纸上留下 4 条色素带,所以利用纸层析法能清楚地将叶绿体中的色素分离。

(2)食品中的营养成分是蛋白质、氨基酸、糖类、油和脂肪、维生素、食用色素等。与食品和营养有害的物质则有残留农药、致癌的黄曲霉素等。这些成分都可用薄层层析法定性和定量。

(3)药物和药物代谢。薄层层析法在合成药物和天然药物中的应用很广。许多药物都包括几种或十几种化学结构和性质非常相似的化合物,通过适合的展开剂,一次即能把每一类的多种化合物很好地分开。药物代谢产物的样品一般先经预处理后用薄层分析,应用也很广,但有时因含量甚微,不如采用气相和高效液相色谱法灵敏。

(4)化学和化工。化工和化学方面的有机原料和产品都可用薄层层析法分析。例如含各种功能基的有机物,石油产品,塑料单体,橡胶裂解产物,油漆原料,合成洗涤剂等,内容非常广泛。

(5)医学和临床。薄层层析法的应用还渗透到医学和临床中去,例如它是一种快速的诊断方法可用于妊娠的早期诊断。方法是基于在孕妇的尿中能检出比未怀孕妇女的尿中含更多的孕二醇,把两者的尿提取后点在薄层上比较,即可作出判断。

（6）毒物分析和法医化学。目前毒物分析和法医化学过程中也会采用薄层层析法等新的手段，对麻醉药、巴比妥、印度大麻、鸦片生物碱等均可分析。

（四）高压色谱技术

1.基本原理

高压色谱技术主要包括高压气相色谱技术和高压液相色谱技术两类。

高压气相色谱技术主要在于用气体代替液体作为扩展剂或洗脱剂，并利用物质的沸点、极性或吸附性质的差异来实现混合物的分离。其以氢、氩或氮等气体作为流动相，在惰性支持物（如磨细的耐火砖）上覆盖的一层高沸点液体，如硅油、高沸点石蜡和油脂、环氧类聚合物作为固定相。样品在汽化室汽化后被惰性气体（即流动相）带入色谱柱，柱内含有固定相，由于样品中各组分的沸点、极性或吸附性能不同，每种组分在运动中进行反复多次的分配或吸附/解吸附，其结果是在载气中浓度大的组分先流出色谱柱，而在固定相中分配浓度大的组分后流出。当组分流出色谱柱后，立即进入检测器。检测器能够将样品组分的化学信号转变为电信号，而电信号的大小与被测组分的量或浓度成正比。当将这些信号放大并记录下来时，就是气相色谱图了。

气相层析操作的温度范围一般从室温到 200℃ 左右，但某些特殊的层析柱能达到 500℃。其气相层析分离的区带十分清晰，是由于挥发性物质在两相间能很快达到平衡，所需分析时间大为缩短，一般为数 min 至 10 余 min。检测记录系统绘出的各峰是测定流出气体电阻变化的结果，因而测定样品量可到微克和毫微克水平。它具有快速、灵敏和微量的优点。

高效液相色谱技术是在气相色谱和经典色谱的基础上发展起来的。高效液相色谱技术的原理和经典的液体层析基本相同，不同点仅仅是高效液相色谱比经典液相色谱有较高的效率和实现了自动化操作。经典的液相色谱法，流动相在常压下输送，所用的固定相柱效低，分析周期长，而高效液相色谱法引用了气相色谱的理论，流动相改为高压输送，色谱柱是以特殊的方法用小粒径的填料填充而成，从而使柱效大大高于经典液相色谱；同时柱后连有高灵敏度的检测器，可对流出物进行连续检测。因此，高效液相色谱具有分析速度快、分离效能高、自动化等特点。所以人们称它为高压、高速、高效或现代液相色谱法。

高效液相色谱技术分离原理也利用待分离的各种物质在两相中的分配系数、吸附能力等亲和能力的不同来进行分离的，其特点是采用长（50～100cm）而细（柱径 2～3mm）的层析柱，柱内填充物的粒度较细（直径 10～15μm），在高压下操作。其分离过程是利用外力使含有样品的流动相通过一固定于柱中与流动相互不相容的固定相表面。当流动相中携带的混合物流经固定相时，混合物中的各组分与固定相发生相互作用。由于混合物中各组分在性质和结构上的差异，与固定相之间产生的作用力的大小、强弱不同，随着流动相的移动，混合物在两相间经过反复多次的分配平衡，使得各组分被固定相保留的时间不同，从而按一定次序由固定相中先后流出。与适当的柱后检测方法结合，实现混合物中各组分的分离与检测。

2. 优缺点

高压色谱技术具有以下优点：

（1）分离效率高。几十种甚至上百种性质类似的化合物可以在同一根色谱柱上得到分离，能解决很多其他分析方法无能为力的复杂样品。

（2）分析速度快。一般而言，色谱法可以在几 min 至几十 min 时间内完成一个复杂样品的分析。

（3）检测灵敏度高。随着信号处理和检测器制作技术进步，不经过浓缩可以直接检测 10^{-9} g 级的微量物质。如采用预浓缩技术，检测下限可达到 10^{-12} g 数量级。

（4）样品用量少。一次分析通常只需要数纳升至数微升的溶液样品。

（5）选择性好。通过选择合适的分离模式和检测方法，可以只分离或检测需要的部分物质。

（6）多组分同时分析。在短时间内，可以实现几十种成分的同时分离与定量。

（7）易于自动化。现在的色谱仪器已经可以实现从进样到数据处理的全自动化操作。

缺点有：①定性能力相对有限制。为克服之一缺点，已经发展起来了色谱峰与其他多种具有定性能力的分析技术的联用，如质谱等。②溶剂、样品等的纯度要求较高。③设备较昂贵等。

3. 选择依据

目前高压色谱技术主要有气相色谱和液相色谱。气相色谱适用于气体和低沸点有机物；液相色谱适用于高沸点、不易汽化的、热不稳定的及具有生物活性的物质的分析。

气相色谱不适用于不挥发物质和对热不稳定物质，而液相色谱却不受样品的挥发性和热稳定性的限制。有些样品因为难以汽化而不能通过气相色谱法测定，热不稳定的物质受热会发生分解，也不适用于气相色谱法。这使气相色谱法的使用范围受到了限制。据统计，目前气相色谱法所能分析的有机物，只占全部有机物的 15%～20%。另一方面，液相色谱却不受样品的挥发性和热稳定性的限制。所以液相色谱非常适合于分离生物、医药有关的大分子和离子型化合物，不稳定的天然产物，种类繁多的其他高分子及不稳定的化合物。对于很难分离的样品，用液相色谱常比用气相色谱容易完成分离。

4. 应用

高压气相色谱仅适用于分析分离挥发性和低挥发性物质，只要在气相色谱仪允许的条件下可以汽化而不分解的物质，都可以用气相色谱法测定。对部分热不稳定物质，或难以汽化的物质，通过化学衍生化的方法，仍可用气相色谱法分析。

高效液相色谱更适宜于分离、分析高沸点、热稳定性差、有生理活性及相对分子量比较大的物质,因而广泛应用于核酸、肽类、内酯、稠环芳烃、高聚物、药物、人体代谢产物、表面活性剂、抗氧化剂、杀虫剂、除莠剂的分析等物质的分析。此外,对分离蛋白质、核酸、氨基酸、生物碱、类固醇和类脂等尤其有利,根据流动相和固定相相对极性,高效液相色谱分析可分为正相和反相两种。

(1)在卫生检验中的应用。空气、水中污染物如挥发性有机物、多环芳烃、苯、甲苯、苯并(a)比等。农作物中残留有机氯、有机磷农药等;食品添加剂苯甲酸等;体液和组织等生物材料的分析如氨基酸、脂肪酸、维生素等。

(2)在医学检验中的应用。体液和组织等生物材料的分析,如脂肪酸、甘油三酯、维生素、糖类等。

(3)在药物分析中的应用。抗癫痫药、中成药中挥发性成分、生物碱类药品的测定等。

(五)离子交换色谱技术

1.基本原理

离子交换色谱法是利用离子交换原理和液相色谱技术的结合来测定溶液中阳离子和阴离子的一种分离分析方法。离子交换色谱法以离子交换树脂作为固定相,并常用水缓冲溶液或有机溶剂同水缓冲溶液混合作为流动相,利用被分离组分与固定相之间发生离子交换的能力差异来实现分离。离子交换色谱的固定相的树脂分子结构中存在许多可以电离的活性中心,待分离组分中的离子会与这些活性中心发生离子交换,形成离子交换平衡,从而在流动相与固定相之间形成分配,固定相的固有离子与待分离组分中的离子之间相互争夺固定相中的离子交换中心,并随着流动相的运动而运动,最终实现分离。

2.优缺点

优点:无机离子的去除能力优良,具再生能力,具有浓缩作用;可在较高流速下操作;应用范围广泛,优化操作条件可大幅度提高分离的选择性,所需柱长较短;产品回收率高;商品化的离子交换剂种类多,选择余地大,价格也远低于亲合吸附剂。

缺点:纯化(交换)容量有一定的限制,水质会发生起伏;树脂会造成有机物的溶出;树脂表面会有微生物的增殖;树脂的崩解碎片会造成水中微粒的增加;树脂的再生过程较麻烦。

3.选择依据

(1)交换介质选择。在实际应用中,离子交换介质的基质、孔结构、配基密度(电荷密度或交换容量)、颗粒大小和分布会直接影响介质的层析效果。所以选择合适的交换介质很重要。

亲水性基质往往比疏水性基质具有更好的生物相容性,更适用于蛋白质的分离纯化。目前常用的离子交换介质基质大多是琼脂糖。

介质的配基密度越大,越有利于提高介质的处理量和对蛋白质的吸附力,但由于蛋白质大分子与介质间的多位点结合,其构象可能发生变化,从而导致蛋白质的失活,同时这种多位点结合也可使大分子与介质间的结合过于牢固,难以洗脱,造成不可逆吸附。因此,合适的配基密度是实现大分子高效分离纯化的重要保障。

介质颗粒越小,粒径分布越均匀,理论塔板数越高,分离效果越好。介质孔径越大,蛋白质分子越容易进入,介质的交换容量越高。

(2)缓冲液的选择。通过调节 pH 可以改变蛋白质的带电性质,从而影响蛋白质的离子交换层析行为。当 pH 低于蛋白质的等电点(pI)时,蛋白质可被阳离子交换介质吸附;反之则能被阴离子交换介质吸附。考虑到蛋白质在层析过程中的稳定性,依据等电点选择缓冲液的 pH 值时,一般选用与蛋白质等电点相差一个单位的 pH 值,此时蛋白质与介质间的静电作用力大小适中,不仅可以实现蛋白质的有效吸附,而且洗脱条件也比较温和。

4. 应用

凡在溶液中能够电离的物质通常都可以用离子交换色谱法进行分离。现在它不仅适用于无机离子混合物的分离,亦可用于有机物的分离,例如氨基酸、核酸、蛋白质等生物大分子,因此应用范围较广。

(1)无机阴离子的分析。无机阴离子是发展最早,也是目前最成熟的离子色谱检测方法,包括水相样品中的氟、氯、溴等卤素阴离子、硫酸根、硫代硫酸根、氰根等阴离子,可广泛应用于饮用水水质检测、啤酒、饮料等食品的安全、废水排放达标检测、冶金工艺水样、石油工业样品等工业制品的质量控制。特别由于卤素离子在电子工业中的残留受到越来越严格的限制,因此离子色谱被广泛地应用到无卤素分析等重要工艺控制部门。

(2)无机阳离子的分析。用离子色谱分析阳离子时,一般使用表面磺化的薄壳型苯乙烯-二乙烯基苯阳离子交换树脂,对碱金属、铵和小分子脂肪酸胺的分离而言,常用的淋洗液是矿物酸;对二价碱土金属离子的分离而言,常用的淋洗液是二氨基丙酸(DAP)、组胺酸、乙二酸、柠檬酸等。可有效分析水相样品中的 Li,Na,NH_4^+,K,Ca,Mg 等离子。

(3)有机阴离子的分析。阴离子交换色谱法也可以分析有机酸、芳香羧酸、烷基磷酸、烷基磺酸、氨基酸、糖类、核苷酸等有机阴离子。在食品、生物医药和化工等领域,有机酸的分析占有很重要的地位。离子交换色谱法分离有机酸的优点是可以避免样品中其他非离子型有机物的干扰,因为非离子型有机物在离子交换树脂上不被保留。适合于用离子交换色谱分离的有机酸主要是在水溶液中离解度较大的短链一元、二元和三元羧酸。

(4)有机酸的分析。有效分析包括乳酸、甲酸、乙酸、丙酸、丁酸、异丁酸等各种短链有机酸成分,在微生物发酵工业、食品工业都是简便有效的分离方法。

第四节 工作任务

任务一 大孔树脂 AB-8 的预处理及装柱

阶段(一) 大孔树脂 AB-8 预处理

1. 任务目标

(1)学习柱层析分离技术的基本原理；

(2)学习层析分离技术的分类及原理；

(3)能正确搭建层析装置；

(4)能对层析柱进行填料及预处理；

(5)能正确地对黄荼素进行分离。

2. 方法原理

AB-8 型大孔吸附树脂是苯乙烯型弱极性共聚体，比表面积高于 DM-301，最适宜水溶性、具有弱极性物质的提取、分离、纯化。树脂均残留惰性溶剂，故使用前根据应用需要，必须进行不同深度预处理。加入高于树脂层 10～20 厘米的乙醇浸泡 3～4 小时，然后放净洗涤液，为一次提取过程。用同样方法反复洗至出口洗涤液在试管中加 3 倍量水不显浑浊为止，后用清水充分淋洗至无明显乙醇气味，即可进行一般使用。当树脂正常使用一定周期后，吸附能力降低或受急性严重污染时，需要强化再生处理。其方法是加入高于树脂层 10～20 厘米的 4％盐酸溶液浸泡 4～8 小时后，用同样浓度 5～7 倍体积量盐酸溶液淋洗，再用纯水充分淋洗，直至出口洗涤液 pH 值呈中性，然后以 4％氢氧化钠溶液按以上方法浸泡 4～8 小时，并用同样方法淋洗至通完 5～7 倍体积量氢氧化钠溶液，再用水充分淋洗直至出水 pH 值呈中性，即可再次投入使用。树脂强化再生需根据污染程度，酌情加减酸、碱浓度及用量，还需按应用实际摸索再生规律，总结经验，设计最佳再生工艺，延长树脂的使用寿命。

3. 仪器材料和试剂

(1)材料：AB-8 大孔树脂。

(2)主要仪器：BT-100 蠕动泵；500mL 烧杯；胶头滴管；试管。

(3)试剂：4％氢氧化钠溶液；4％氯化氢溶液；去离子水，pH 试纸。

4. 试验方法和步骤

(1)将未处理过的大孔树脂 AB-8 放入烧杯中，加入 2 倍体积的 4％氯化氢溶液，轻轻搅拌摇动，使所有的树脂都浸没在溶液中。浸泡 4～8h。

(2)将蠕动泵和柱子连接好,把浸泡后的树脂装入柱子中,抽入蒸馏水进行洗涤,直到洗出液 pH 值达到中性为止(为节省时间可调高蠕动泵转速,一般 5～6r/min)。

(3)将洗涤后的树脂倒入烧杯中,加入 2 倍体积的 4% 氢氧化钠溶液,轻轻摇动,使所有的树脂都浸没在溶液中,浸泡 4～8h。同样,将用氢氧化钠浸泡后的树脂装入柱子中,抽入蒸馏水进洗涤,直到洗出液 pH 为中性为止(为节省时间可调高蠕动泵转速,一般 5～6r/min)。

(4)柱平衡。酸碱各浸泡洗涤后,需进行平衡后才能使用,平衡同样抽入蒸馏水进行洗涤。平衡完成的标准是用试管接 1～2mL 洗出液,与树脂柱上端的液体比较,清澈透明即可。

(5)预处理过程完成。整理卫生,保存处理好的树脂。

5.注意事项

(1)该树脂含水 65% 左右,储存、运输应保持 5～40℃ 的温度,以防低温将球体冻裂、高温产生霉变,影响使用;

(2)树脂因暴露在空气中或因故失水,不可直接注水,以免树脂漂浮,可用乙醇浸渍处理,使其恢复湿态,再用水清洗干净。

6.结果与讨论

(1)结果处理。

(2)思考题:

①树脂为什么要用 4% 的氯化氢溶液、氢氧化钠溶液浸泡?

②处理后的树脂在保存上有什么要求?

阶段(二)　大孔树脂 AB-8 的装柱

1.任务目标

(1)了解大孔树脂 AB-8 的性能与作用;

(2)了解大孔树脂 AB-8 的预处理方法;

(3)熟练掌握树脂的装柱过程和方法。

2.方法原理

大孔树脂湿法装柱时,要求填充均匀,不要有气泡产生,要注意加量方式和速度,但实际上在玻璃柱中极易混上气泡,影响实验结果。蒸馏水会从玻璃柱底部进行反冲,把树脂柱反冲起来,在水面适当高的时候,有止水夹夹住橡胶管,切断水源。这时反冲起来的大孔树脂再次进行沉淀。这样有三个好处:①重新下落过程中,大孔树脂可按颗粒大小进行重新分布。②由于水的存在,可完全排出树脂之间的气泡。③树脂沉落稳定后,可从底部放出水来,相当于对树脂床进行再一次的冲洗。

3.仪器材料和试剂

(1)材料:大孔树脂 AB-8 若干。

（2）仪器设备：蠕动泵；层析柱；500mL 烧杯 2 只；玻璃漏斗；胶头滴管（长短各一个）；玻璃棒；试管；100mL 量筒 1 支；铁架台；橡皮管若干。

（3）试剂：乙醇、去离子水。

4. 实训步骤

（1）柱体积的测算、柱子检漏。在柱子里面装满水，再把里面的水倒到量筒里进行测体积；检漏，在柱子里装满水，上下两端的橡皮管连接好，观察是否漏水。

（2）大孔树脂 AB-8 的量取。先进行一个计算，计算出所需的树脂量，计算方法：装柱体积＝柱体积×4/5，然后确定要量取的体积，一般可多出 15～30mL，不能多出太多，更不能少于装柱体积。

（3）装置的搭建与连接。首先将清洗干净的柱子用两个夹子固定在铁架台上，注意要竖直，不能歪或斜；另外，塞子上有膜的一端放在下头。连接，把下段的橡皮管连接到蠕动泵上，蠕动泵开机待用。

（4）装树脂。先在柱子内装一部分去离子水，大概有 10cm 的高度即可，然后将取来的树脂倒掉或加一定的去离子水，控制湿度（这是很关键的一部），一般树脂沉在下面，上面有 1cm 厚的水层即可；用玻璃棒搅拌使树脂成悬浮液，再用玻璃漏斗将树脂倒入柱子中，边加边搅拌烧杯里的树脂，使树脂一直处于悬液的状态（保证加入时的均匀度），加入速度要均匀，加入后开启蠕动泵开始抽水，转速 1～2 r/min，若一次加树脂没达到 4/5 的，则待水面下降后补加树脂，直到 4/5 为止。

（5）反冲。在抽水的过程中要不断观察，第一观察是否柱子中间有气泡产生，若有气泡应立即进行反冲，反冲方法：先停止蠕动泵，再把橡皮管移到装有蒸馏水的烧杯中，然后反方向打开蠕动泵，即进水。第二观察树脂上面的液面，保持 4～7cm 的高度。

（6）平衡。待树脂全部沉下后，盖上柱子上面的塞子，上面的橡皮管接去离子水，蠕动泵抽水。另外，也可以换过来，蠕动泵连上端进行进水，这样可以保证树脂上面的液面不会干。注：进行移橡皮管的时候都应先将蠕动泵关闭，以免空气进入产生气泡。平衡的标准：下端流出的液体的清澈度要与进入的去离子水一致，或者，测定 pH，即上下端的液体的 pH 一致即可。

（7）标签。平衡好后，把上下两端的橡皮管连接起来保存，然后进行测量树脂的高度（写标签用），贴标签：规格，柱子直径×树脂高度；操作者；日期。

（8）整理。剩余的树脂进行回收，打扫卫生。

5. 注意事项

（1）装柱时要注意树脂填充要均匀，倒入要匀速。

（2）失水变干时，可用乙醇浸泡。

6. 结果与讨论

（1）结果处理。

（2）思考题：

①反冲时为什么要先将蠕动泵关闭？

②树脂在装柱前为什么要先进行预处理？

任务二　AB-8树脂对茶黄素柱层析分离

(一)任务目的

(1)掌握了解自动蛋白质核酸分析仪的使用；

(2)掌握了解茶黄素逐层析的原理；

(3)熟练掌握茶黄素层析分离法的实验操作。

(二)方法原理

茶黄素是存在于红茶中的一种金黄色色素，是茶叶发酵的产物。在生物化学上，茶黄素是一类多酚羟基具茶骈酚酮结构的物质。占干茶重量的 $0.5\%\sim2\%$，含量也取决于红茶加工的方法。茶黄素在茶汤中鲜亮的颜色和浓烈的口感方面，起到了一定的作用，是红茶的一个重要的质量指标。而且还具有抗肿瘤、抗炎、抗衰老、抗病毒、抗突变及抗心脑血管疾病等多种药理功效，是一类极具开发潜力的天然产物。层析法是分离制备茶黄素最常见的方法。

利用树脂对不同物质的吸附能力的不同，将物质进行分离，然后用洗脱液将需要的目标物质进行洗脱，利用出峰的特点将目标物质收集。

(三)仪器和材料

(1)材料：45%茶黄素若干。

(2)仪器设备：自动蛋白质核酸自动分析仪；50mL 容量瓶；玻璃棒；50mL 烧杯；500mL 烧杯 2 只；1000mL 烧杯；0.01 分析天平；试管；小口试剂瓶 2 只。

(3)试剂：95%乙醇 1000mL；去离子水。

(四)实验步骤

(1)开启检测器预热 1 小时，进行设备的连接。

(2)平衡。用去离子水进行平衡，调节蠕动泵，转速 $1\sim1.5r/min$。

(3)配溶液。配制 75%乙醇和 20%乙醇(使用量一般为床层体积的 1.5 倍，配制的时候可以稍微多一点)；12mg/mL 茶黄素的配制，称取 45%茶黄素 0.6g，用 50mL 容量瓶配制。

(4)接收器的预清洗。将接收器上的试管用去离子水冲洗干净晾干备用(预计试管用量，不必全部清洗)。

(5)参数设置。打开电脑桌面上的在线工作站，进入界面，设置参数，信息填写栏:填写实验名称、操作者、操作日期、实验简介;实验方法栏:采样结束时间设置为60min、采样自动积分,实验方法栏中的图谱显示栏:时间最大值60.00min、最小值0.00min、电压最大值40.00、最小值-6.00,注释内容设置为保留时间;然后进入数据采集栏。接收器设置,进入定时设置界面,首管设置为1,末管可设置为50,每管收集时间设置为1min,按"确认"键,此时收集器就会走动,待停止后,把液体流出的管子对准第一根收集试管的最中央。检测器设置,调节波长选择器,调节至280nm处,然后调节吸光度,调至0.002左右。

(6)上样。上样前要先走基线。方法:在平衡结束后,继续进去离子水,单击工作站中的基线采集,看到图谱中直线走出后,单击"零点校正"即可保持此界面待用。量取4mL配置好的12mg/mL的茶黄素溶液,上样前首先将树脂上端的液面放至1cm左右,上样可以采用多种方法。第一种:将上端的橡皮管插入样液中,蠕动泵转速设置为2.5r/min;第二种:直接打开柱子上端的塞子,用滴管或玻璃棒引流加入。

(7)杂质的洗脱。上样完毕后,先让液面下降至上样前的高度,然后接入20%乙醇开始洗脱杂质,同时开启采集器和工作站中的数据采集,可以用两只手分别按采集器上的开始和通道的开关一定要同时按下。

(8)有效成分的洗脱。20%乙醇洗脱至出现基线,立即换上75%的乙醇进行有效成分的洗脱,直至再次出现基线。

(9)树脂再生。洗脱至大峰走完之后,立即接入95%乙醇进行树脂的再生,直至树脂的颜色与分离前一致,或者,洗出液不浑浊为止。

(10)检测器的清洗。再生完毕后,把树脂柱的上下两端连接好待用,用蠕动泵抽入去离子水对检测器进行清洗,洗至检测器上所测得值稳定为止。

(11)高纯度成分的收集。根据图谱上显示的数据、每管收集的时间等资料,确定纯度最高的几根管进行收集,一般收集5根管。注意:看图谱的时候应清楚从检测器到收集器的时间差,即收集到的液体具有滞后性,取管时要减去滞后的时间。量取收集液的体积,装入试剂瓶中,贴上标签备用。

(12)工作站中图谱的保存。

(13)恢复设备至原样,打扫卫生,废液收集等。

(五)注意事项

(1)加样前要先将柱子进行平衡;

(2)实验完毕后,要将检测仪进行清洗。

(六)结果与讨论

(1)结果处理。

(2)思考题:

①收集管子如何设定？

②实验完毕后要不要进行再生处理？

自测训练

一、填空题

1. 高压色谱技术主要包括_____和_____两大类。

2. 离子交换色谱适用于_____、_____、_____和_____等方面的分析。

3. 层析系统主要由_____和_____两部分组成，各组分在这两部分之间的_____、_____、_____、_____和_____等相互作用能力的不同，使得组分的分配（含量比）也就不同。

二、不定项选择题

1. 下列应用可以采用亲和层析技术的是（　　　）。

    A. 叶绿体色素分离　　　　　　　　B. 妊娠早期诊断

    C. 有机磷农残测定　　　　　　　　D. 血清中抗体分离

2. 下列应用可以采用凝胶层析技术的是（　　　）。

    A. 病毒和细胞的分离

    B. 高分子溶液浓缩

    C. 饮用水中硫酸根离子的检测

    D 大气中多环芳烃含量的测定

3. 薄层层析技术的选择关键是（　　　）。

    A. 提取液　　　　　　　　　　　　B. 支持剂

    C. 展开剂　　　　　　　　　　　　D. 显色剂

4. 下列选项属于气相色谱与液相色谱之间区别的有（　　　）。

    A. 适用分析物质的热稳定性不同

    B. 适用分析物质的挥发性不同

    C. 流动相输送形式不同

    D. 流动相载体形式不同

5. 下列选项表述中，具有专一亲和力有（　　　）。

    A. 酶与底物　　　　　　　　　　　B. 抗体与抗原

    C. 流动相与固定相　　　　　　　　D. 生物素和亲和素

三、论述题

1. 简述层析分离技术的基本原理、分类方法及相应种类。

2. 基于层析机制不同的各种层析分离技术的优缺点分别有哪些？

3. 适用于蛋白质纯化、分离的层析技术有哪些？并试举例说明运用层析分离技术的具体过程。

参考文献

[1]傅若农.色谱分析概论.北京:化学工业出版社,2005.

[2]丁黎.药物色谱分析.北京:人民卫生出版社,2008.

[3]尹芳华,钟璟.现代分离技术.北京:化学工业出版社,2009.

[4]W. Clark Still,Michael Kahn,Abhihit Mitra. Rapid chromatographic technique for preparative separations with moderate resolution. The Journal of Organic Chemistry,1978,43(14):2923—2925.

[5]Hage D S. Affinity chromatography: a review of clinical applications. Clinical Chemistry,1999,45:593—615.

项目六 利用蒸发和干燥技术对物质进行分离

知识目标

了解蒸发和干燥的基本流程；

理解影响蒸发和干燥的因素；

理解结合水分、非结合水分、喷雾干燥、冷冻干燥等基本概念；

掌握各种干燥过程中干燥介质性质的变化、物料水分的变化；

掌握不同干燥形式的特点。

能力目标

能根据操作规程使用规定的喷雾干燥设备进行物质的分离；

能根据操作规程使用规定的冷冻干燥设备进行物质的分离；

能正确处理干燥过程中遇到的问题和故障。

素质目标

能独立完成规定的分离要求；

培养诚实守信、吃苦耐劳的品德；

实事求是,不抄袭、不编造数据；

具有良好的团队意识和沟通能力,能进行良好的团队合作；

具有良好的 5S 管理意识和安全意识。

第一节　蒸发和干燥技术概述

生化反应过程结束后一般需要对产品进行一个初步的浓缩,以便于分离提纯工作的进行,从中提取有用的产物。而大多数生物合成产品,要想以干物质的形式出厂,还需通过干燥来实现。

悬浮液或溶液的浓缩可用两个主要方法来实现:机械方法和蒸发法。

蒸发是使含有不挥发溶质的溶液沸腾汽化并移出蒸汽,从而使溶液中溶质浓度提高的过程。亦是此类溶液中溶剂与溶质分离的过程。其特点为通过相的变化从液体或固体物料中经汽化脱水。

蒸发浓缩的主要目的有三个:一是进行浓缩,增加溶质浓度,减少溶液体积,以便进一步分离提纯,如稀碱液、果汁及蔗汁等的蒸发浓缩;二是溶液浓缩到接近饱和状态,然后将溶液冷却,使溶质结晶分离,制得纯固体产品,如蔗糖的生产、食盐的精制;三是蒸发使得到的溶剂较为纯净,可以再利用或无污染排放,如海水淡化的蒸发过程则是为了脱除杂质,制取可饮用的淡水。

干燥是指利用热能使湿物料中湿分(水分或有机溶剂)汽化并排除蒸汽,从而得到较干物料的过程。通常是生物产物成品化前的最后下游加工过程,干燥的质量直接影响产品的质量和价值。

干燥的主要目的:一是产品便于包装、贮存、运输;二是许多生物制品在湿分含量较低的状态下较为稳定,从而使生物制品有较长的保质期。

第二节　任务书

表 6-1　"乳糖的喷雾干燥"项目任务书

工作任务	乳糖溶液的喷雾干燥
任务描述	用给定的喷雾干燥设备对乳糖溶液进行喷雾干燥,制备乳糖干粉。
目标要求	(1)能按照操作规程,正确使用喷雾干燥器; (2)能制备符合要求的乳糖干粉,并计算得率; (3)能理解喷雾干燥过程和主要参数的意义; (4)能处理喷雾干燥过程中的常见问题。
操作人员	生物制药技术学生分组进行实训,教师考核检查。

表 6-2　"香菇多糖的冷冻干燥"项目任务书

工作任务	香菇多糖的冷冻干燥
任务描述	用给定的冷冻干燥设备对香菇多糖提取液进行冷冻干燥,制备香菇多糖固体。
目标要求	(1)能按照操作规程,正确使用冷冻干燥器; (2)能理解冷冻干燥的原理、干燥过程和主要参数的意义; (3)能处理冷冻干燥过程中的常见问题。
操作人员	生物制药技术学生分组进行实训,教师考核检查。

第三节　知识介绍

一、蒸发相关知识

（一）蒸发过程

1. 蒸发基本过程

蒸发过程是通过加热使溶液沸腾汽化和不断排出水蒸汽。蒸发系统设备主要有蒸发器和冷凝器。

蒸发器：它由加热室和气液分离器两部分组成。加热沸腾产生的二次蒸汽经气液分离器与溶液分离后引出。它实质上是一个换热器。

冷凝器：二次蒸汽进入冷凝器直接冷凝，冷却水从冷凝器顶加入，与上行的水蒸汽直接接触，将它冷凝成水从下部排出。实质上也是一个换热器。

蒸发系统总的蒸发速率是由蒸发器的蒸发速率和冷凝器的冷凝速率共同决定的，蒸发速率或冷凝速率发生变化，则系统总的蒸发速率也相应发生变化。

2. 蒸发过程应考虑的因素

液体在任何温度下都可以蒸发，而且蒸发现象只发生于液体表面。影响蒸发过程的因素主要有以下几种：

（1）液体蒸发面的面积。在一定温度下，单位时间内一定量蒸汽的蒸发速率与蒸发面的大小成正比，即蒸发的表面积愈大，蒸发速率愈快。故常压蒸发时应采用直径大、锅底浅的广口蒸发锅。

（2）加热温度与液体温度应有一定的温度差。汽化是由于分子受热后振动能力超过分子间内聚力而产生的。因此要使蒸发速率加快，必须使加热温度与液体温度间有一定的温度差，以使溶剂分子获得足够能量而不断汽化。

（3）搅拌。液体的汽化在液面总是最大的。由于热量的损失，液体的温度下降最快，加之液体的挥发，浓度的增加也较快。液面温度下降和浓度升高造成液面粘滞度增加，因而液面往往产生结膜现象。结膜后不利于传热及蒸发，通过经常搅拌可以克服结膜现象，使蒸汽发散加快，提高蒸发速率。

（4）液面外蒸汽的浓度。在温度、液面压力、蒸发面积等因素不变的前提下，蒸发速率与蒸发时液面上大气中的蒸汽浓度成反比。蒸汽浓度大，分子不易逸出，蒸发速率就慢，反之则快。故在蒸发浓缩的车间里应使用电扇、排风扇等通风设备，及时排除液面的蒸汽，以加速蒸发的方式进行。

(5)液面外蒸汽的温度。蒸发速率可随着蒸发温度的增加而加快,即温度愈高,在单位体积的空气内可能含有的水蒸汽愈多。反之,如将较高的温度下降或将已饱和的蒸汽重新冷却,则一部分蒸汽又重新冷凝为液体。因此,在蒸发液上部通入热风可促进蒸发。如片剂包糖衣时鼓入热风,即可加速水分的蒸发。

(6)液体表面的压力。液体表面压力越大,蒸发速率越慢。所以,采用减压蒸发,既可加速蒸发,又可避免药物受高温而破坏。

(二)蒸发的操作方法

1. 常压蒸发与减压蒸发

根据操作压力的不同,蒸发过程可分为常压蒸发和减压蒸发(真空蒸发)。

常压蒸发:是指冷凝器和蒸发器溶液侧的操作压力为大气压或略高于大气压,此时系统中不凝性气体依靠本身的压力从冷凝器中排出。

减压蒸发(真空蒸发):蒸发时冷凝器和蒸发器溶液侧的操作压力低于大气压,此时系统中的不凝性气体必须用真空泵抽出。

采用真空蒸发的基本目的是降低溶液的沸点。与常压蒸发相比,它有以下优点:

(1)溶液沸点低,可以用温度较低的低压蒸汽或废蒸汽作加热蒸汽。

(2)溶液沸点低,采用同样的加热蒸汽,蒸发器传热的平均温度差大,所需的传热面小。

(3)溶液沸点低,有利于处理热敏性物料,即高温下易分解和变质的物料。

(4)蒸发器的操作温度低,系统的热损失小。

真空蒸发的缺点:

(1)溶液温度低,粘度大,沸腾的传热系数小,蒸发器的传热系数小。

(2)蒸发器和冷凝器的内压力低于大气压,完成液和冷凝水需用泵排出。

(3)需用真空泵抽出不凝性气体,以保持一定的真空度,因而需多耗能量。

真空蒸发的操作压力(真空度)取决于冷凝器中水的冷凝温度和真空泵的能力。冷凝器操作压力的最低极限是冷凝水的饱和蒸汽压,所以它取决于冷凝水的温度。真空泵的作用是抽走系统中的不凝性气体,真空泵的能力越大,冷凝器内的操作压力可以越接近冷凝水的饱和蒸汽压。一般真空蒸发时,冷凝器的压力为10~20kPa。

2. 单效蒸发和多效蒸发

根据二次蒸汽是否用来作为另~蒸发器的加热蒸汽,蒸发过程可分为单效蒸发和多效蒸发。

单效蒸发流程:二次蒸汽在冷凝器中用水冷却,冷凝成水而排出,二次蒸汽所含的热能没有利用,而是随冷却水直接排放至环境中。蒸发器中依靠热蒸汽冷凝放出的热量使溶液中的水汽化。

多效蒸发流程:第一个蒸发器中蒸出的二次蒸汽用作第二个蒸发器的加热蒸汽,第二个蒸发器蒸出的二次蒸汽用作第三个蒸发器的加热蒸汽,以此类推。

二次蒸汽的利用次数可根据具体情况而定,系统中串联的蒸发器数目称为效数。

多效蒸发的优点是可以节省加热蒸汽的消耗量。

二、干燥

(一)基本原理

干燥是指通过汽化而使湿物料中水分除去的方法。物料的干燥过程是传热和传质同时进行。①传热过程:热气流作为干燥介质将热能传递至物料表面,再由表面传递至物料内部。②传质过程:物料得到热量后,其表面湿分汽化,物料内部和表面之间产生湿分浓度差,湿分由内部向表面扩散,再通过物料的气膜扩散至热气流中。

干燥过程得以进行必须具备传热推动力和传质推动力,使被干燥物料表面所产生的湿分蒸汽压(p_w)大于干燥介质中的湿分蒸汽压(p),即 $p_w > p$,压差愈大,干燥过程进行得愈快;如果 $p_w - p = 0$,表示干燥介质与物料中得分蒸汽达到平衡,干燥即停止;如果 $p_w - p < 0$,物料不仅不能干燥,反而吸湿。干燥的基本流程如图6-1所示。

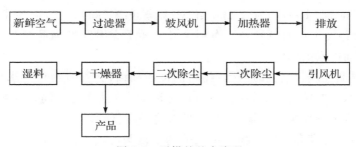

图 6-1　干燥的基本流程

1. 湿物料中水分的性质

物料的干燥程度与物料中水分的存在状态有关。湿物料中的水分根据水分除去的难易可分为:

(1)非结合水。存在于物料的表面或物料间隙的水分,此种水分与物料的结合力为机械力。如机械结合水中的表面润湿水分和孔隙中的水分,结合力较弱,易用一般方法除去。

(2)结合水。存于细胞及毛细臂中的水分,如物化结合的水分及机械结合中的毛细管水分,由于结合力使结合水所产生的蒸汽压低于同温度下纯水所产生牛的蒸汽压,所以降低了水汽向空气扩散的传质推动力。此水分与物料的结合力为物理化学的结合力,由于结合力较强,水分较难从物料中除去。

结合水按照与物料的结合程度可分为:

（1）化学结合水。如晶体中的结晶水,这种水分不能用干燥方法去除。化学结合水的解离不应视为干燥过程。

（2）物化结合水。如吸附水分(结合力最强)、渗透水分和结构水分。

（3）机械结合水。如毛细管水分、孔隙中水分和表面润湿水分(结合力最弱)。

物料中水分与物料的结合力愈强,水分的活度就愈小,水分也就愈难除去。反之结合力较小,则较易除去。

平衡水分:当一种物料与一定温度及湿度的空气接触时,物料势必会放出或吸收一定量的水分,物料的含水量会趋于一定值。此时,物料的含水量称为该空气状态下的平衡水分。平衡水分代表物料在一定空气状态下的干燥极限,即用热空气干燥法,平衡水分是不能去除的。

自由水分:在干燥过程中能够除去的水分,是物料中超出平衡水分的部分。

2. 干燥速率

干燥速率是指在单位时间内在单位干燥面积上汽化的水分质量,以微分形式表示为:

$$U = \frac{\mathrm{d}W}{S\,\mathrm{d}t} = -\frac{G_c\,\mathrm{d}x}{S\,\mathrm{d}t}$$

式中:U 为干燥速率$[\mathrm{kg/(m^2 \cdot s)}]$;$S$ 为干燥面积$(\mathrm{m^2})$;W 为气化水分量(kg);t 为干燥所需时间(h);G_c 为湿物中绝对干燥重量(kg);x 为湿物料的含水量$(\mathrm{kg}\ 水\ /\ \mathrm{kg}\ 绝对干料)$;负号表示物料含水量随干燥时间增加而减少。干燥速率受以下几方面因素的影响。

（1）物料的性质、结构和形状。物料的性质和结构不同,物料与水分的结合方式以及结合水与非结合水的界线也不同,因此其干燥速率也不同。物料的形状、大小以及堆置方式不仅影响干燥面积,而且影响干燥速率。

（2）物料的湿度和温度。物料中水分的活度与湿度有关,因而影响干燥速率。而物料温度与物料中水分的蒸汽压有关,并且也与水分的扩散系数有关,一般温度愈高,则干燥速率愈大。

（3）干燥介质的温度和湿度。干燥介质的温度越高,湿度越低,干燥速率越大,介质的温度过高,最初干燥速率过快不仅会损坏物料,还会造成临界含水量的增加使后期的干燥速率降低。

（4）干燥操作条件。干燥操作条件主要是干燥介质与物料的接触方式,即相对运动方向和流动状况。介质的流动速度影响干燥过程的对流传热和对流传质,一般介质流动速度愈大,干燥速率愈大,特别是在干燥的初期。介质与物料的接触状况主要是指流动方向,流动方向与物料汽化表面垂直时,干燥速率最快,平行时最差。凡是对介质流动造成较强烈的湍动,使气固边界层变薄的因素,均可提高干燥速率。如块状或粒状物料堆成一层一层的,在半悬浮或悬浮状态下干燥时,均可提高干燥速率。

（5）干燥器的结构型式。烘箱、烘房等因为物料处于静态，物料暴露面小，水蒸汽散失慢，干燥效率差，干燥速率慢。沸腾干燥器、喷雾干燥器属流化操作，被干燥物料在动态情况下，粉粒彼此分开，不停地跳动，与干燥介质接触面大，干燥效率高，干燥速率大。

由于影响干燥的因素很多，所以物料的干燥速率与湿度的关系必须通过具体的实验来测定。

3.干燥过程

干燥过程是指水分从湿物料内部借扩散作用到达湿物料表面，并从物料表面受热汽化的过程。带走汽化水分的气体叫干燥介质，通常为空气。大多数情况下干燥介质除带走水蒸汽外，还供给水分汽化所需要的能量。

在一般情况下，干燥速率曲线是随湿物料与水分结合情况的不同而不同的。干燥过程可分为预热阶段、恒速阶段、降速阶段和平衡阶段。

（1）预热阶段

当湿物料与干燥介质接触时，干燥介质首先将热量传给湿物料，使湿物料及其所带水的温度升高，由于受热水分开始汽化，干燥速率由零增加到最大值。湿物料中的水分则因汽化而减少，此阶段仅占全过程的5％左右，其特点是干燥速率由零升到最大值，热量主要消耗在湿物料加温和少量水分汽化上，因此水分降低很少。

（2）恒速阶段

干燥速率达最大值后，由于物料表面水蒸汽分压大于该温度下空气中水蒸汽分压，水分从物料表面汽化并进入热空气，物料内部的水分不断向表面扩散，使其表面保持润湿状态，只要物料表面均有水分，汽化速率可保持不变，故称恒速阶段。该阶段的特点是，干燥速率达最大值并保持不变，BC线平行于横坐标（见图6-2）；物料的含水量迅速下降；如果热空气传给湿物料的热量等于物料表面水分汽化所需热量，则物料表面湿度保持不变。该阶段时间长，占整个干燥过程的80％左右，是主要的干燥脱水阶段。预热阶段和恒速阶段脱除的是非结合水分，即自由水和部分毛细管水。

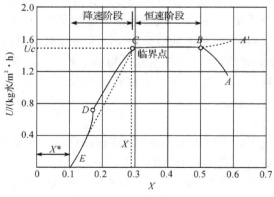

图6-2　干燥曲线

（3）降速阶段

达到临界含水量以后，随着干燥时间的增长，水分由物料内部向表面扩散的速度降低，并且低于表面水分汽化的速度，干燥速度也随之下降，称为降速阶段。在降速阶段中，根据水分汽化方式的不同又分为两个阶段，即部分表面汽化阶段和内部汽化阶段。

①部分表面汽化阶段。进入降速阶段以后，由于内部水分向表面的扩散速度小于表面水分汽化的速度而使湿物料表面出现干燥部分，但水分仍从湿物料表面汽化，故称部分表面汽化阶段。这一阶段的特点是，干燥速度均匀下降，且潮湿的表面逐渐减少、干燥部分越来越多，由于汽化水量降低，需要的汽化热减少，故使物料温度升高。

②内部汽化阶段。随物料表面干燥部分增加温度越来越高，热量向内部传递而使蒸发面向内部移动，水分在物料内部汽化成水蒸汽后再向表面扩散流动，直到物料中所含水分与热空气的湿度平衡时为止，称内部汽化阶段。这一阶段的特点是，物料含水量越来越少，水分流动阻力增加，干燥速度甚低，物料温度继续升高。

（4）平衡阶段。当物料中水分达到平衡水分时，物料中水分不再汽化的阶段。

（二）干燥方式

1. 接触干燥

热量通过加热的表面（金属方板、辊子）的导热性传给需干燥的湿物料，使其中的水分汽化，然后，所产生的蒸汽被干燥介质带走，或用真空泵抽走的干燥操作过程称为接触干燥。根据这一方法建立起来的，并且用于微生物合成产品干燥的干燥器有单滚筒和双滚筒干燥器和厢式干燥器。

该法热能利用较高，但与传热壁面接触的物料在干燥时易局部过热而变质。现在已被其他干燥方法建立起来的干燥器所取代。

2. 对流干燥

热能以对流给热的方式由热干燥介质（通常是热空气）传给湿物料，使物料中的水分汽化，物料内部的水分以气态或液态形式扩散至物料表面，然后汽化的蒸汽从表面扩散至干燥介质主体，再由介质带走的干燥过程称为对流干燥。

对流干燥过程中，传热和传质同时发生。干燥过程必需的热量，由气体干燥介质传送，它起热载体和介质的作用，将水分从物料上转入到周围介质中。这个方法广泛地应用在微生物合成产物上，主要有气流干燥器、空气喷射干燥器、喷雾干燥器和沸腾床干燥器。

3. 辐射干燥

热能以电磁波的形式由辐射器发射至湿物料表面后，被物料所吸收转化为热能，而将水分加热汽化，达到干燥的目的。

红外辐射干燥比热传导干燥和对流干燥的生产强度大几十倍，且设备紧凑，干燥时间短，产品干燥均匀而洁净，但能耗大，适用于干燥表面积大而薄的物料。有电能辐射器(如专供发射红外线的灯泡)和热能辐射器,在辐射干燥时,即红外线干燥时,热从能源(辐射源)以电磁波形式传入。辐射源的温度通常在 $700\sim2200℃$,这个加热方法已应用在微生物合成产物的升华干燥上。

(三)生化产物常用干燥方法

目前,对于干燥微生物合成产物,最广泛应用的干燥方法主要是对流给热的干燥方式(气流、空气喷射、沸腾床、喷雾等),对于活的菌体、各种形式的酶和其他热不稳定产物的干燥,可使用冷冻干燥。

1.气流干燥

气流干燥是指利用湿热干燥气流或单纯的干燥气流进行干燥的一种方法。气流干燥的原理是通过控制气流的温度、湿度和流速来达到干燥的目的。

气流干燥器结构流程如图 6-3 所示。物料由加料斗 1 经螺旋加料器 2 送入气流干燥管 3 的下部。空气由风机 4 吸入,经预热器 5 加热到一定温度后送入干燥管。达到干燥要求的物料经旋风分离器 6 分离后,由卸料口排出包装,废气通过湿式除尘器除尘后排入大气中。

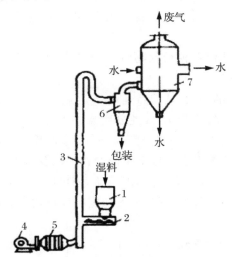

图 6-3 气流干燥器结构与流程
1.加料斗 2.螺旋加料器 3.气流干燥管
4.风机 5.预热器 6.旋风分离器 7.除尘器

气流干燥器具有下列特点:

(1)干燥强度大。气流干燥由于气流速度高,粒子在气相中分散良好,可以把粒子的全部表面积作为干燥的有效面积,因此,干燥的有效面积大大增加。同时,由于气速较高,一般达 $20\sim40m/s$,空气涡流的高速搅动,使汽化表面不断更新,减小了传热和传质的阻力,因此,干燥的传热、传质过程强度较大。例如,旋风式气流干燥器的干燥强度可达 $2.69kg$ 水 $/(m^2\cdot h)$。如果以单位体积干燥管内的传热来考虑干燥速率,则容积传热系数可达 $2.3\sim7.0W/(m^3\cdot K)$,比转筒干燥器大 20～30 倍。尤其是在干燥管前端或底部因机械粉碎装置或鼓风机叶轮的粉碎作用,效果更显著。

(2)干燥时间短。大多数物料的气流干燥只需 0.5～2s,最长不超过 5s。物料的热变性一般是温度和时间的函数,所以特别适宜于热敏性物料的干燥。

(3)占地面积小,投资省。由于干燥器具有很大的容积传热系数及温差,对于完成一定的传热量所需的干燥器体积可以大大地减小,即可以实现小设备大生产的目的。因此占地小,投资省。与回转干燥器相比,占地面积减少 60%,投资约省 80%。同时,可以把干燥、粉碎、筛分、输送等单元过程联合操作,不但流程简化,而且操作易于自动控制。

(4)热效率高。由于干燥器散热面积小,所以热损失小,最多不超过 5%,因而热效率高。干燥非结合水时热效率可达 60% 左右,干燥结合水时可达 20% 左右。

(5)成本低。可以省去专门的固体输送装置。因此,干燥器的活动部件少,结构简单,易建造,易维修,成本低。

(6)操作连续稳定。可以有机地把干燥、粉碎、输送、包装等组成一道工序,整个过程可在密闭条件下进行,减少物料飞扬,防止杂质污染。既改善了产品质量,又提高了回收率。

(7)适用性广。可使用各种粉状物料,粒子最大可达 10mm,湿含量可达 10%～40%。

气流干燥也有很大的不足,其缺点是:

(1)由于全部产品由气流带出,因此分离器的负荷大。

(2)由于气速较高,粒子有一定的磨损,所以对晶形有一定要求的物料不宜采用;也不适用于需要在临界湿含量以下干燥的物料以及对管壁粘附性强的物料。

(3)由于气速大,全系统阻力很大,因而动力消耗大。

(4)在干燥时要产生毒气的物料,以及所需的风量比较大的情况下也不宜采用气流干燥。

(5)最主要缺点是干燥管较长,一般在 10m 或 10m 以上。

2. 喷雾干燥

喷雾干燥是以单一工序,将溶液、乳浊液、悬浮液或膏糊状物料加工成粉状、颗粒状干制品的一种干燥方法。它是液体通过雾化器的作用,喷洒成极细的雾状液滴,并依靠干燥介质与雾滴均匀混合,进行热交换和质交换,使水分(或溶剂)汽化的过程。

喷雾干燥装置流程如图 6-4 所示,空气经过滤器 2 由鼓风机 3 送到加热器 4,加热后,作为干燥介质通过空气分布器 5 进入干燥室 7。原料由泵 1 送至雾化器 6,经雾化器雾化的液滴与热空气接触,将大部分水分汽化掉,作为干燥产品从底部收集阀 11 收集。空气经旋风分离器 8 回收产品粉末后排入大气。

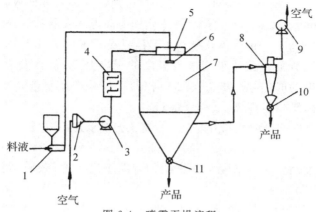

图 6-4 喷雾干燥流程

1.泵 2.滤器 3.鼓风机 4.加热器 5.空气分布器 6.雾化器
7.干燥器 8.旋风分离器 9.风机 10.鼓形阀 11.收集阀

喷雾干燥器中关键部件是将浓缩液喷成雾滴的喷嘴,也称雾化器。常用的雾化器有三类:离心式、气流夹带式和压力式。如图 6-5 所示。离心雾化喷嘴有一个空心圆盘,圆盘的四周开很多小孔,液体通过转轴的边沿进入圆盘,圆盘高速旋转,液体通过小孔高速喷向四周。从小孔出来的液体,速度突然减慢,断裂成很多细小的液滴,呈雾状喷撒下来。这种雾化器适用于处理含有较多固体的物料。气流夹带雾化器用高速气体将液体带出,从喷嘴出来后形成很多细小液滴,呈雾状喷下。这种雾化器消耗动力较大,一般应用于喷液量较小的生产,处理量为每小时 100L 以下。在高压喷嘴雾化器中,高压液体以非常高的速度从喷嘴口中喷出,出喷口后断裂成很多细小的液滴,形成锥状喷雾。这种雾化器生产能力大,耗能少,应用最为广泛,适用粘度较大的药液。

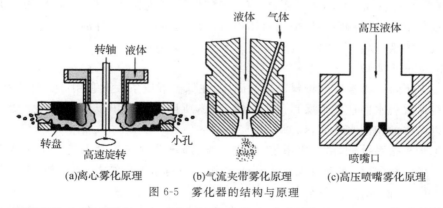

(a)离心雾化原理　　(b)气流夹带雾化原理　　(c)高压喷嘴雾化原理
图 6-5　雾化器的结构与原理

喷雾干燥过程可分为四个阶段:料液雾化为雾滴、雾滴与空气接触(混合和流动)、雾滴干燥(水分蒸发)、干燥产品与空气分离。

喷雾干燥具有如下几方面的特点:

(1)干燥速度快,时间短。由于料液被雾化成几十微米大小的液滴,所以液体的比表面积很大。例如,若平均直径以 $50\mu m$ 计,则每升物料可分散成 146 亿个微小雾滴,其总表面积达 $5400m^2$,有这样大的表面积与高温热介质接触,故所进行的热交换和质交换非常迅速。一般只需几秒到几十秒钟就干燥完毕,具有瞬间干燥的特点。

(2)干燥温度较低。虽然采用较高温度的干燥介质.但液滴有大量水分存在时,它的干燥温度一般不超过热空气的湿球温度,干燥产品质量较好。例如不容易发生蛋白质变性、维生素损失、氧化等缺陷。

(3)制品有良好的分散性和溶解性。根据工艺要求选用适当的雾化器,可使产品制成粉末或空气球。因此,制品的疏松性、分散性好,不粉碎也能在水中迅速溶解。

(4)产品纯度高。由于干燥是在密闭的容器中进行的;杂质不会混入产品中,而且还改善了劳动条件。

(5)生产过程简单、操作控制方便。即使含水量达 90% 的料液不经浓缩同样也能一次获得均匀的干燥产品。大部分产品干燥后不需粉碎和筛选,简化了生产工艺流程。而且,对于产品粒度和含水量等质量指标,可通过改变操作条件进行调整,且控制管理都很方便。

(6)适宜于连续化生产。干燥后的产品经连续排料,在后处理上结合冷却器和气流输送,组成连续生产作业线,有利于实现自动化大规模生产。

喷雾干燥的主要缺点有:

(1)单位产品的耗热量大,设备的热效率低。在进风温度不高时,一般热效率约为 30%～40%。每蒸发 1kg 水分约需 2～3kg 蒸汽,且介质消耗量大。

(2)容积干燥强度小。它的容积传热膜系数约为 $(25～100)W/(m^3 \cdot K)$,所以干燥器的体积庞大,基建费用大。

(3)废气中回收微粒的分离装置要求较高。在生产粒径小的产品时,废气中约夹带有 20% 左右的微粒,需选用高效的分离装置,结构比较复杂,费用较贵。而对于有毒气、臭气物料,则必须采用封闭循环系统的生产流程,将毒气、臭气焚烧,以防止大气污染,改善生产环境。

3.冷冻干燥

冷冻干燥是将被干燥物料冷冻成固体,在低温减压条件下利用冰的升华性能,使物料低温脱水而达到干燥目的的一种方法,所以又称升华干燥。冷冻干燥的原理可以由水的相图来说明,如图 6-6 所示。

冻干机按系统分,由制冷系统、真空系统、加热系统和控制系统四个主要部分组成。按结构分,由冻干箱或称干燥箱、冷凝器或称水汽凝结器、制冷机、真空泵和阀门、电气控制元件等组成。

冻干箱是一个能够制冷到 -55℃ 左右,能够加热到 +80℃ 左右的高低温箱,也是一个能抽成真空的密闭容器。它是冻干机的主要部分,需要冻干的产品就放在箱内分层的金属板层上,对产品进行冷冻,并在真空下加温,使产品内的水分升华而干燥。

冷凝器同样是一个真空密闭容器,在它的内部有一个较大表面积的金属吸附面,吸附面的温度能降到—40～—70℃以下,并且能维持这个低温范围。冷凝器的功用是把冻干箱内产品升华出来的水蒸汽冻结吸附在其金属表面上。

冻干箱、冷凝器、真空管道、阀门、真空泵等构成冻干机的真空系统。真空系统要求没有漏气现象,真空泵是真空系统建立真空的重要部件。真空系统对于产品的迅速升华干燥是必不可少的。

制冷系统由制冷机与冻干箱、冷凝器内部的管道等组成。制冷机可以是互相独立的二套或以上,也可以合用一套。制冷机的功用是对冻干箱和冷凝器进行制冷,以产生和维持它们工作时所需要的低温,它有直接制冷和间接制冷两种方式。

加热系统对于不同的冻干机有不同的加热方式。有的是利用直接电加热法;有的则利用中间介质来进行加热,由一台泵(或加一台备用泵)使中间介质不断循环。加热系统的作用是对冻干箱内的产品进行加热,以使产品内的水分不断升华,并达到规定的残余含水量要求。

控制系统由各种控制开关,指示调节仪表及一些自动装置等组成,它可以较为简单,也可以很复杂。一般自动化程度较高的冻干机则控制系统较为复杂。控制系统的功用是对冻干机进行手动或自动控制,操纵机器正常运转,以使冻干机生产出合乎要求的产品来。

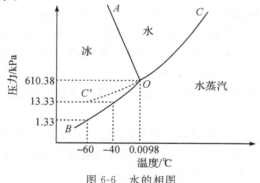

图 6-6　水的相图

制品的冷冻干燥过程包括冻结、升华和再干燥三个阶段。如图 6-7 所示。

图 6-7　冷冻干燥过程

(1)冻结。先将欲冻干物料用适宜冷却设备冷却至 2℃左右,然后置于冷至约—40℃(13.33Pa)冻干箱内。关闭干燥箱,迅速通入制冷剂(氟利昂、氨),使物料冷冻,并保持2～3小时或更长时间,以克服溶液的过冷现象,使制品完全冻结,即可进行升华。

(2)升华。制品的升华是在高度真空下进行的,冻结结束后即可开动机械真空泵,并利用真空阀的控制,缓慢降低干燥箱中的压力,在压力降低的过程中,必须保持箱内物品的冰冷状态,以防溢出容器。待箱内压力降至一定程度后,再打开罗茨真空泵(或真空扩散泵),压力降至 1.33Pa,—60℃以下时,冰即开始升华,升华的水蒸汽,在冷凝器内结成冰晶。为保证冰的升华,应开启加热系统,将搁板加热,不断供给冰升华所需的热量,热量的供给需要控制在一定的范围之内。过多的热量会使冻结产品本身的温度上升,使产品可能出现局部熔化甚至全部熔化,引起产品的干缩起泡现象,整个干燥就会失败。

(3)再干燥。在升华阶段内,冰大量升华,此时制品的温度不宜超过最低共熔点,以防产品中产生僵块或产品外观上的缺损,在此阶段内搁板温度通常控制在±10℃之间。制品的再干燥阶段所除去的水分为结合水分,此时固体表面的水蒸汽压呈不同程度的降低,干燥速度明显下降。在保证产品质量的前提下,在此阶段内应适当提高搁板温度,以利于水分的蒸发,一般是将搁板加热至 30～35℃,实际操作应按制品的冻干曲线(事先经多次试验绘制的温度、时间、真空度曲线)进行,直至制品温度与搁板温度重合达到干燥为止。

冷冻干燥有如下特点:

(1)因物料处于冷冻状态下干燥,水分以冰的状态直接升华成水蒸汽,故物料的物理结构和分子结构变化极小。

(2)由于物料在低温真空条件下进行干燥操作,故对热敏感的物料,也能在不丧失其活力或生物试样原来性质的条件下长期保存,故干燥产品十分稳定。

(3)因为干燥后的物料在被除去水分后,其原组织的多孔性能不变,所以冷冻制品复水后易于恢复原来的性质和形状。

(4)干燥后物料的残存水分很低,如果防湿包装效果优良,产品可在常温条件下长期贮存。

(5)因物料处于冷冻的状态,升华所需的热量可采用常温或温度稍高的液体或气体为加热剂,所以热量利用经济。干燥设备往往无需绝热,甚至希望以导热性较好的材料制成,以利用外界的热量。

(四)干燥过程应用实例

由于生物技术产品多数是热敏性物料,某些产品还具有生物活性,因此,在干燥过程中控制干燥温度和干燥时间特别重要。物料停留时间短、温度较低的干燥技术在生物制品的干燥中特别适用。而对于某些特殊的生物制品,只有采用冷冻干燥才能保证制品的品质,如某些酶制剂等。

1.人参的冷冻干燥法研究

人参在加工过程中经过长时间的日晒、水蒸汽蒸、高温干燥等受到影响而大大降低其有效成分含量,并影响其外观色泽以及成品率等。为了改变这种情况,提高人参的加工质量,王贵华研究了用真空冷冻干燥法加工人参的方法,为商品人参提供了一个新的加工工艺。

(1)材料、设备、仪器:试验用人参均采用黑龙江省 6 年生鲜园参。冷冻加工设备为 NY-I 型真空冷冻干燥机。分析仪器为紫外分析仪、显微镜、紫外扫描仪、721型分光光度计等。

（2）加工工艺步骤如下：

①刷洗整形。将起收后的鲜园参用冷水迅速刷洗干净，分个、整形、称重。冷冻贮存：将称重后的人参置于−5～−3℃的条件下贮存。

②降温冷冻。将贮存的人参置于真空冷冻干燥机中，进行降温冷冻，从 20℃ 降至−20℃约需 2.5～3.5h。

③真空干燥。减压至真空度达 60Pa 并以 2℃/h 的速度升温。每隔 1 小时记录一次板温和样品温度，并分别绘制板温和样品温度曲线，在同一坐标上，当两条曲线重叠时再保持 3～5h（温度在 45～50℃）取出，即为"冻干参"（为区别生晒参、红参而命名冻干参）。

④包装。将冻干参称重，用蒸馏水将其打潮（使其柔软防断）后包装。

（3）工艺条件考查：所用人参系用佳木斯药材站提供的 6 年生大小相似的园参。根据一般冷冻加工原则，选择几个不同的降温冷冻点（−5℃，−10℃，−20℃，−30℃），观察在不同冷冻温度下加工后的冻干参外形变化。结果其皱缩程度以−5℃的较大，−10℃的次之，−20℃和−30℃的最小，符合外观要求，较为美观。测定其后两种参的总皂苷含量分别为 4.78％、4.89％，比生晒参皂苷含量高（生晒参总皂苷含量为 4.06％）。大生产时为节省机械、水电、工时的消耗，可选择−20℃为最好。

（4）结论：用本法加工的冻干参优于生晒参，冻干参外表颜色鲜浅、美观，主根饱满，无皱似鲜参，香气浓郁；断面、粉末颜色均浅；易粉碎，易浸渍而有利于制备制剂；断面荧光亮蓝、明显而均匀；总皂苷含量比生晒参约高，收率也高。

2.喷雾干燥法生产田七粉

王士俊等采用武汉制药机械厂生产的 PZ 2.8～3.5 喷雾干燥机组进行浸膏液喷雾干燥，干燥塔直径 1270mm，设备总高 3600mm，采用气流式喷嘴进行喷雾，试验的工艺流程如图 6-8 所示。

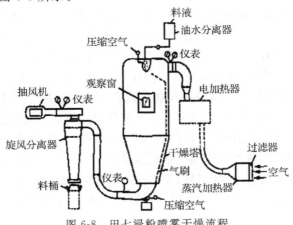

图 6-8　田七浸粉喷雾干燥流程

空气经滤过器除尘后,至蒸汽加热器和电加热器升温至 150～200℃后,经干燥塔顶部空气分布器进入塔内,物料借喷头压缩空气气喷入塔内,雾状的液滴与热空气接触,完成了瞬间干燥。干粉和尾气从塔底抽出进旋风分离器,干粉收集于底部桶内,尾气经抽风机排至系统外。为避免塔内干粉粘壁,塔内设置了气刷,定时用压缩空气喷吹:试验采用了 20% 浓度的田七浸膏溶液(相对密度 1.08),以 $3kg/cm^2$ 压力压缩空气为动力喷入塔内,热空气进风温度为 170℃,进料速度为 30kg/h,出风温度 92℃,风量 $1740m^3/h$,喷头压缩空气量 $1.2m^2/min$,干燥水分 22.5kg/h,干粉生产能力7.5kg/h,成品含水量低于 5%,喷雾干燥避免了原工艺中熬膏和烘房干燥造成的结焦现象。

第四节   工作任务

任务一   乳糖的喷雾干燥

(一)任务目标

(1)学习喷雾干燥的基本原理;
(2)掌握喷雾干燥器的正确使用方法;
(3)理解喷雾干燥过程和主要参数的意义;
(4)学会处理喷雾干燥过程中常见的问题。

(二)方法原理

喷雾干燥具有以下优点:①干燥速度迅速,物料经离心喷雾后,在高温气流中,完成干燥的时间仅需几秒到十几秒钟。②干燥过程中液滴受热时间短,产品质量较好。③使用范围广。可适用于各种特点差异较大的物料的干燥。④产品具有良好的分散性、流动性和溶解性。⑤生产过程简化,操作控制方便。喷雾干燥通常用于湿含量 40%～70% 的溶液,不经浓缩同样能一次干燥成粉状产品。

干燥时送风机将通滤器后的空气送入设备,再通过蒸汽加热器和电加热器将净化的空气加热后,由干燥器底部的热风分配器进入装置内,通过热风分配器的热空气均匀进入干燥塔并呈螺旋转动的运动状态。同时由供料输送泵将物料送至干燥器顶部的雾化器,物料被雾化成极小的雾状液滴,使物料和热空气在干燥塔内充分地接触,水分迅速蒸发,并在极短的时间内将物料干燥成产品,成品粉料经旋风分离器分离后,通过出料装置收集装袋,湿空气则由引风机引入湿式除尘器后排出。

(三)仪器材料和试剂

(1)仪器:喷雾干燥器;烧杯;玻璃棒;电子天平。

(2)试剂和材料:50%的乳糖溶液。

(四)操作步骤

(1)打开总电源,检查仪表显示是否正常显示,装上收集瓶。

(2)启动风机。

(3)设定塔顶进风温度,并开启加热,温控仪开始控温。

(4)当温度达到设定温度后,打开收集瓶上端阀门。

(5)调节好喷头,开启压缩空气电磁阀,压缩空气源要保持在 0.3～0.6MPa。

(6)开始加料,料液流入喷头被雾化喷入塔内,塔底温度数显仪,显示温度开始下降。当料液喷入塔内后一般在 20～30s 内,收集瓶会出现粉末。

(7)当料液喷完后可加微量的水在滴液漏斗中,使料管中的料液被清洗干净,也可以加少量溶剂清洗料管和喷头。喷完后,先关闭电加热,再关闭压缩空气电磁阀,待塔顶温度下降到 50℃ 以下维持 10min 再关闭风机。

(8)清洗塔可以用专用工具,打开视镜,用专用清洗喷头喷入水洗塔,也可以拆下塔顶清洗。旋风分离器和管路可拆开清洗。

(五)结果与讨论

(1)观察和记录喷雾干燥的主要参数,如塔顶温度及其变化。

(2)计算乳糖喷雾干燥的收率。

(六)注意事项

(1)塔底温度是各变量的平衡显示,一般使其稳定在 70～90℃(视不同物料,不同的含水分要求而定),调整方式有两种:①调节喷雾量。量大,温度则下降;量小,温度则上升。②调节塔顶进风温度。塔顶温度上升,塔底温度也上升。

(2)换收集瓶时要先关闭阀门,但某些物料不能通过喷雾干燥工艺,瓶内会出现雾状、絮状、碳化细颗粒。

任务二　香菇多糖的冷冻干燥

(一)任务目标

(1)学习冷冻干燥的基本原理;

(2)掌握冻干机的正确使用方法;

(3)理解冷冻干燥过程和主要参数的意义;

（4）学会处理冷冻干燥过程中常见的问题。

（二）方法原理

冷冻干燥法基本上在 0℃ 以下的温度进行，即在产品冻结的状态下进行，直到后期，为了进一步降低产品的残余水分含量，才让产品升至 0℃ 以上的温度，但一般也不超过 40℃。

冷冻干燥就是把含有大量水分的物质，预先进行降温冻结成固体，然后在真空的条件下使水蒸汽直接升华出来，而物质本身剩留在冻结时的冰架中，因此它干燥后体积不变，疏松多孔，在升华时要吸收热量，引起产品本身温度的下降而减慢升华速度，为了增加升华速度，缩短干燥时间，必须要对产品进行适当加热。整个干燥是在较低的温度下进行的。

（三）仪器材料和试剂

（1）仪器：预冻设备；真空冻干机；电子天平。
（2）试剂和材料：香菇多糖提取液。

（四）操作步骤

（1）前处理。把香菇多糖的提取液分装在玻璃模子瓶、玻璃管子瓶或安培瓶，装量要均匀，蒸发表面尽量大而厚度尽量薄一些，产品厚度不要超过 10mm。

（2）速冻。将装好的溶液速冻，温度在 −40℃ 左右。时间约 2.0h。使物料的中心温度在共晶点以下。速冻的目的是将样品内的水分固化，并使冻干后产品与冻干前具有相同的形态，以防止在升华过程由于抽真空而使其发生浓缩、起泡、收缩等不良现象的发生。一般来说，冻结得越快，物品中结晶越小，对细胞的机械损坏作用也越小。

（3）真空脱水干燥。包括升华干燥和解析干燥两个阶段。

升华干燥：将冷阱预冷至 −35℃，打开干燥仓门，装入预冻好的样品瓶并关上仓门，启动真空机组进行抽真空，当真空度达到 30～60Pa 左右时，进行加热，这时冻结好的物料开始升华干燥。但加热不能太快或过量，否则温度过高，超过共溶点，冰晶溶化，会影响质量。所以，料温应控制在 −20～25℃ 之间，时间约为 3～5h。

解吸干燥：升华干燥后，样品中仍含有少部分的结合水，较牢固。所以必须提高温度，才能达到产品所要求的水分含量。料温由 −20℃ 升到 45℃ 左右，当料温与板层温度趋于一致时，干燥过程即可结束。真空干燥时间约为 8～9h。此时水分含量减至 3% 左右，停止加热，破坏抽真空，出仓。如此干燥的样品能在 80～90s 内用水复原，复原后仍具有类似于干燥前样品的质地。

（4）后处理当仓内真空度恢复接近大气压时打开仓门，开始出仓，将已干燥的样品应立即进行检查、称重等。

(五)结果与讨论

(1)以温度为纵坐标、时间为横坐标作出冻干曲线。

(2)称重计算香菇多糖的收率,并对产品进行外观评价。

(六)注意事项

(1)冻干样品一般为水样,尽量不含有酸和有机溶剂,否则会损坏真空泵。

(2)操作过程中切勿频繁开关,如因操作失误造成制冷机停止运转,不能立即启动,至少等 20min 后方可再次启动,以免损坏制冷机。

(3)真空泵油在使用过程中眼侧从淡色转为黄色、棕色、褐色甚至黑色,要在棕色时更换新油,油的刻度以≤1/2 为宜,油窗内发现悬浮物时需要换油。泵上方的油污分离器污物超过 1/2 提及则需要放油。

(4)每次冷冻干燥后,冷阱盘管上的冰化成水后,用毛巾清除干净。冻干结束,旋开"充气阀"向冷阱充气时,一定要慢,以免冲坏真空计。

自测训练

一、选择题

1. 利用空气作干燥介质干燥热敏性物料,且干燥处于降速阶段,欲缩短干燥时间,则可采取的最有效措施是(　　　)。

　A. 提高干燥介质的温度

　B. 增大干燥面积、减薄物料厚度

　C. 降低干燥介质相对湿度

　D. 提高空气流速

2. 物料的平衡水分一定是(　　　)。

　A. 结合水分　　　　　　　　B. 非结合水分

　C. 临界水分　　　　　　　　D. 自由水分

3. 以下说法不正确的是(　　　)。

　A. 由干燥速率曲线可知,整个干燥过程可分为恒速干燥和降速干燥两个阶段

　B. 恒速干燥阶段,湿物料表面温度维持空气的湿球温度不变

　C. 恒速干燥阶段,湿物料表面的湿度也维持不变

　D. 降速干燥阶段的干燥速率与物料性质及其内部结构有关

4. 下面说法正确的是(　　　)。

　A. 自由含水量是指湿物料中的非结合水

　B. 平衡含水量是指湿物料中的结合水

　C. 湿物料中平衡含水量的多少与用来干燥该湿物料的空气状态有关

　D. 结合水所表现的平衡蒸汽压为同温度下纯水的饱和蒸汽压

二、问答题

1. 蒸发和干燥的主要目的是什么？

2. 影响蒸发的主要因素是什么？

3. 影响干燥速率的主要因素是什么？

4. 喷雾干燥的优缺点有哪些？

5. 简述冷冻干燥的过程。

6. 冻干法与传统干燥法相比有哪些优点？

参考文献

[1] 蔡凤主编. 制药设备及技术. 北京：化学工业出版社，2011.

[2] 朱宏吉，张明贤主编. 制药设备与工程设计（第 2 版）. 北京：化学工业出版社，2011.

[3] 孙彦主编. 生物分离工程. 北京：化学工业出版社，2005.

[4] 于文国等主编. 生化分离技术. 北京：化学工业出版社，2006.

综合项目　蔗糖酶的分离纯化及活力测定

 知识目标

蛋白质的沉淀技术及原理；

离子交换层析技术及原理；

酶活力的测定的方法及原理。

能力目标

能正确进行蔗糖酶的提取；

能利用 QSepharose—柱层析法进行蔗糖酶的纯化；

蔗糖酶活力的测定。

素质目标

能独立完成规定的分离要求；

培养诚实守信、吃苦耐劳的品德；

实事求是，不抄袭、不编造数据；

具有良好的团队意识和沟通能力，能进行良好的团队合作；

具有良好的 5S 管理意识和安全意识。

第一节　任务书

表 7-1　"蔗糖酶的提取及初提纯"项目任务书

工作任务	蔗糖酶的提取及初提纯
任务描述	酿酒酵母细胞破碎后，经过细胞碎片分离提取蔗糖酶液，再经热提取和乙醇沉淀提取，使蔗糖酶得到初步的提纯。
目标要求	从酿酒酵母细胞破碎液中制得蔗糖酶初提液 A、热提取液 B 和乙醇沉淀提取液 C。
操作人员	生物制药专业学生分组进行实训，教师考核检查。

表 7-2 "蔗糖酶的纯化——QSepharose—柱层析法"项目任务书

工作任务	蔗糖酶的纯化——QSepharose—柱层析法
任务描述	本法所用的 QSepharose 凝胶是以琼脂糖作为不溶性母体引入季铵型基团,为强阴离子交换剂。QSepharose 凝胶交换介质载量高,分辨率高,能承受较高的流速,化学稳定性好。在 pH=7 左右时,QSepharose 凝胶带正电,而一般蛋白质在此 pH 值范围带负电,两者可结合,降低 pH 或提高离子强度均可使之洗脱下来,当被吸附的蛋白质的 K_d 值有差异时,达到分离的目的。
目标要求	采用离子交换层析法,从乙醇沉淀提取液 C 中进一步纯化得到蔗糖酶的柱层析分离组分。
操作人员	生物制药专业学生分组进行实训,教师考核检查。

表 7-3 "蔗糖酶活力的测定"项目任务书

工作任务	蔗糖酶活力的测定
任务描述	酶的活力大小通常是以该酶在最适 pH、温度等条件下催化底物水解,经一定时间后,以反应物中底物的减少或产物形成的量来表示的,蔗糖酶能水解蔗糖成果糖和葡萄糖两种还原糖,可以用测还原糖(果糖和葡萄糖)的量来计算酶的活力。 还原糖的测定方法有斐林试剂热滴定法、3,5-二硝基水杨酸法、Nelson 试剂法。本法采用 3,5-二硝基水杨酸(DNS)法测定还原糖的量。其原理为在过量的碱性溶液中,DNS 与还原糖溶液共热后被还原成棕红色的氨基化合物,该化合物在 540nm 波长处有最大吸收,在一定的浓度范围内,还原糖的量与光吸收值成线性关系,利用比色法可测定样品中还原糖的量。
目标要求	测定初提液 A、热提取液 B、乙醇沉淀提取液 C 和柱分离液 D 中的蔗糖酶活力,了解各阶段的纯化情况。
操作人员	生物制药专业学生分组进行实训,教师考核检查。

第二节 工作任务

任务一 蔗糖酶的提取及初提纯

(一)任务目标

从酿酒酵母细胞破碎液中制得蔗糖酶初提液 A、热提取液 B 和乙醇沉淀提取液 C。

(二)方法原理

酿酒酵母细胞破碎后,经过细胞碎片分离提取蔗糖酶液,再经热提取和乙醇沉淀提取,使蔗糖酶得到初步的提纯。

(三)仪器材料和试剂

1.仪器

50mL 塑料离心管 6 支;5mL 塑料离心管 3 支;5mL 移液管 4 支;洁净胶头滴管 5 支;洁净玻棒 2 支;50mL 洁净三角瓶 1 只;50mL 烧杯 1 只;500mL 烧杯 1 只;10mL 量筒 3 只;50mL 量筒 1 只;大试管 1 只;10mL 量筒 2 只(共用);高速离心机 1 台(共用);水浴锅 1 台;酒精温度计 1 支;磁力搅拌器 1 台(配磁子);碎冰若干。

2.试剂和材料

4N 醋酸 4mL;95% 乙醇(-20℃)30mL;0.05MTris-HCl(pH7.3)缓冲液 10mL[称取 121.1 克 Tris,溶于 1500mL 的蒸馏水中,用 4N 的 HCl 调节 pH 值至 7.3(HCl 用量约为 230mL),用蒸馏水稀释至 2L,即为 0.5MTris-HCl(pH7.3)缓冲液,取适量稀释 10 倍即得 0.05MTris-HCl(pH7.3)缓冲液];蒸馏水 50mL。

注:除注明共用的,其他均为一个小组的用量。

(四)操作步骤

1.初提液 A

在培养箱中取出装有已自溶酵母的三角瓶,加 10mL 蒸馏水,摇匀,倒入 50mL 塑料离心管,12000r/min 离心 15min。经离心后,离心管中的悬浮液分三层,上层为浆状的固体,下层为固体,中间一层为液体,小心仔细地取出中间层液体,重新倒入离心管中 12000r/min 离心 15min,仔细地取出上清液并用量筒测出体积记为 VA,取出 3mL 保存(做好标记),用于以后的活力和蛋白质含量的测定,所提取的液体为初提液 A。

注意:使用离心机时务必注意平衡问题!

2.热提取液 B

将初提液 A 倒入 50mL 三角瓶中,加 3.2mL 4N 醋酸,使溶液的 pH 值约为 4.5 左右,摇匀,迅速在水浴中加热至 50℃,保温 30min(注意温度绝对不能超过 50℃),在保温的过程中不断摇动三角瓶,取出后迅速在冰浴中冷却,冷却液在离心机中 15000r/min 离心 15min,仔细地取出上清液并用量筒测出体积记为 VB,此提取液为热提取液 B,取出 3mL 保存(做好标记),用于以后的活力和蛋白质含量的测定。

3.乙醇沉淀提取液 C

将热提取液 B 倒入 100mL 烧杯中,把烧杯放入冰浴中(冰浴装置如图 7-1 所示)。

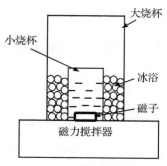

图 7-1　冰浴装置

轻轻搅拌并慢慢加入（－20℃）95％乙醇溶液，体积与热提取液 B 相同。整个过程不少于 30min，再继续搅拌 10min，将烧杯内的液体全部移入离心管中（白色固体保留待用），15000r/min 离心 10min。离心后，仔细地倒掉上层清液，用5mL0.05MTris-HCl（pH7.3）缓冲液把烧杯中的白色粘状固体溶解，倒入离心管搅拌使离心管内的白色固体溶解，15000r/min 离心 10min，取上层清液即为乙醇沉淀提取液 C，测量其体积记为 V_C，取出 3mL 保存（做好标记），用于以后的活力和蛋白质含量的测定。

（五）结果计算

考虑到在提取过程中 A、B 样品的保存对总体积的影响，各种提取液的总体积按以下计算：

$$V_{A_{总}} = V_A$$

$$V_{B_{总}} = V_B \times \frac{V_A}{V_A - 3}$$

$$V_{C_{总}} = V_C \times \frac{V_A}{V_A - 3} \times \frac{V_B}{V_B - 3} = V_C \times \frac{V_{B_{总}}}{V_B - 3}$$

（六）注意事项

实验过程中尽量避免高温，以防酶失活。

任务二　蔗糖酶的纯化——QSepharose—柱层析法

（一）任务目标

采用离子交换层析法，从乙醇沉淀提取液 C 中进一步纯化得到蔗糖酶的柱层析分离组分。

(二)方法原理

本法所用的 QSepharose 凝胶是以琼脂糖作为不溶性母体引入季氨型基团,为强阴离子交换剂。QSepharose 凝胶交换介质载量高,分辨率高,能承受较高的流速,化学稳定性好。在 pH7 左右时,QSepharose 凝胶带正电,而一般蛋白质在此 pH 值范围带负电,两者可结合,降低 pH 或提高离子强度均可使之洗脱下来,当被吸附的蛋白质的 K_d 值有差异时,达到分离的目的。

(三)仪器材料和试剂

1.仪器

层析柱 1 支(内径 1cm,高 30cm,配连接管);恒流泵 1 台;梯度混合器 1 只;磁力搅拌器 1 台(配磁子);铁架台＋铁夹 1 付;紫外分光光度计 1 台;点滴板(够做 40 个样品的量);尿糖试纸 40 张;夹子 1 个(夹连接管用);100mL 烧杯 3 个;玻棒 1 支;小试管 40 支;试管架 1 个。

2.试剂和材料

0.05mol/L Tris-HCl pH 7.3 缓冲液 200mL;1mol/L NaCl 的 0.05mol/L Tris-HCl pH 7.3 缓冲液 100mL;0.5mol/L NaOH 100mL;QSepharose 凝胶若干;5％蔗糖 10mL。

注:除注明共用的,其他均为一个小组的用量。

(四)操作步骤

(1)QSepharose 凝胶的预处理。

(2)离子交换柱的填充。取 1 支内径 1cm、高 30cm 的层析柱垂直固定,下端的橡皮管用夹子夹紧,先在柱子内加入 5mL 蒸馏水。将已经处理好的 QSepharose 凝胶调成悬浮状,一次性完全加入层析柱内,使 QSepharose 凝胶缓慢均匀地下降至柱的下部,得交换柱高约为 10cm,用小玻棒轻轻搅动交换剂的最上端使之有一个平的表面。注意在整个柱操作过程中防止液面低于交换剂的表面,当液面低于交换剂表面时空气将进入交换剂内,在交换剂内形成气泡,影响分离效果。放松柱下端的夹子,使流动相流动,至与交换剂表面相距 2～3cm 处,夹紧夹子,防止流动相继续流出,此时完成交换柱的填充任务。

(3)缓冲液盐度梯度发生器的安装。梯度混合装置由一磁力搅拌器和一梯度混合器组成。在梯度混合器与柱相连的杯中加入 30mL 0.05mol/LTris-HCl pH7.3 缓冲液,在另一只杯中加入 30mL 含 1mol/L NaCl 的上述缓冲液。打开活塞,使两杯相通,除净连接管中的气泡。在低离子强度溶液的杯中放入一颗搅拌子,在其下放置一磁力搅拌器。

(4)柱的平衡。将柱子与恒流泵相连,放松夹子,打开恒流泵,用大于 5 个柱体积(CV)的0.05mol/L Tris-HCl pH7.3缓冲液进行冲洗。

(5)加样。将缓冲液放至刚好与交换剂表面相切,夹紧柱下端的夹子,取0.5mL乙醇提取液C缓慢地加到交换柱上(加样不可太快,以免搅浑交换剂表面),放松柱下端的夹子,使样品刚好全部进入交换剂内部,夹紧夹子,再加3mL缓冲液。加样以后的流出液都要进行收集,每管收集3mL。

(6)洗脱。将柱子与恒流泵相连,放松夹子,用恒流泵控制流速为3mL/min,每管收集3mL,先用0.05mol/L Tris-HCl pH7.3缓冲液25mL洗穿透峰,接着连接梯度发生器,进行线性梯度洗脱,直到梯度发生器内的缓冲液全部用完为止,再用0.05mol/LTris-HCl pH7.3缓冲液配制的1mol/L NaCl溶液25mL洗脱。

(7)离子交换柱的再生。用0.5mol/L NaOH洗3CV,再用水洗5CV。

(8)测吸光度。在紫外分光光度计上测出每管在280nm处的紫外吸光度OD值,画出管数与吸光度OD值的关系曲线。

(9)酶活力的初步测试。用葡萄糖测验试纸测试每管内蔗糖酶的活力大小,取活力最高的2~3管为柱分离液D。

酶活力测试方法:在点滴板中滴2滴5%蔗糖,再加2滴待测洗脱液,用玻棒搅匀,放置5min,浸入葡萄糖试纸,1s后取出,60s比较颜色深浅,用"+"的数目表示酶活力的大小。

(五)结果计算

$$V_{D_总} = V_D \times \frac{V_{C_总}}{V_样}$$

式中:$V_样$ 为C样品上柱的体积。

(六)注意事项

实验过程中尽量避免高温,以防酶失活。

任务三 蔗糖酶活力的测定

(一)任务目标

测定初提液A热提取液B乙醇沉淀提取液C和柱分离液D中的蔗糖酶活力,了解各阶段的纯化情况。

(二)方法原理

酶的活力大小通常是以该酶在最适pH、温度等条件下催化底物水解,经一定时间后,以反应物中底物的减少或产物形成的量来表示的,蔗糖酶能水解蔗糖成果糖和葡萄糖两种还原糖,可以用测还原糖(果糖和葡萄糖)的量来计算酶的活力。

还原糖的测定方法有斐林试剂热滴定法、3,5-二硝基水杨酸法、Nelson 试剂法。本法采用 3,5-二硝基水杨酸(DNS)法测定还原糖的量。其原理为,在过量的碱性溶液中,DNS 与还原糖溶液共热后被还原成棕红色的氨基化合物,该化合物在 540nm 波长处有最大吸收,在一定的浓度范围内,还原糖的量与光吸收值呈线性关系,利用比色法可测定样品中还原糖的量。

(三)仪器材料和试剂

1.仪器

试管 20 支;2mL 移液管 12 支;10mL 移液管 1 支;1000mL 大烧杯 1 个;电炉 1 台(配石棉网);恒温水浴锅 1 台;可见光分光光度计 1 台(配比色皿)。

2.试剂和材料

3,5-二硝基水杨酸 100mL[①甲液:溶解 6.9g 结晶酚于 15.0mL 10%氢氧化钠溶液中并用水稀释至 69mL,在此溶液中加 6.9g 亚硫酸氢钠;②乙液:称取 255g 酒石酸钾那加到 330mL 10%氢氧化钠溶液中,再加入 880mL 1% 3,5-二硝基水杨酸溶液;将甲乙二溶液混合即得黄色试剂,贮于棕色瓶中备用,在室温放置 7～10 天后使用];葡萄糖标准溶液(0.2mg/mL)50mL[准确称取 20mg 分析纯葡萄糖(预先在 105℃干燥至恒重),用少量蒸馏水溶解后,定量移入 100mL 容量瓶中,定容];5%蔗糖 50mL[用 0.2mol/L pH4.6 醋酸缓冲液(溶解 10.83g 醋酸钠于水中,加近 260mL 的 1mol/L 醋酸调 pH 值到 4.6,稀释到 2L)配制];2mol/L NaOH 20mL、蒸馏水 1000mL。

注:除注明共用的,其他均为一个小组的用量。

(四)操作步骤

1.葡萄糖标准曲线的制作

取 6 支试管,分别按表 7-4 加入各种试剂。将各试管内的液体混合均匀,在沸水浴中加热 5min。取出后立即用冷水冷却到室温,于 540nm 波长处测 OD 值,以葡萄糖的毫克数为横坐标,OD 值为纵坐标,画出标准曲线。

表 7-4　葡萄糖标准曲线的制作

试管号	0	1	2	3	4	5
葡萄糖标准液(mL)	0	0.75	1.00	1.25	1.50	1.75
蒸馏水(mL)	3.00	2.25	2.00	1.75	1.50	1.25
3,5-二硝基水杨酸(mL)	1.50	1.50	1.50	1.50	1.50	1.50
总体积(mL)	4.50	4.50	4.50	4.50	4.50	4.50

2.酶活力的测定

将以往实验得到的四部分提取液用冷蒸馏水按比例稀释:初提液 A(1∶200);热提取液 B(1∶200);乙醇沉淀提取液 C(1∶200);柱分离液 D(1∶20)。取 8 支试管,按表 7-5 加入各种试剂。

表 7-5 酶的催化反应

项目	初提液 A (1∶200)		热提取液 B (1∶200)		乙醇提取液 C (1∶200)		柱分离液 D (1∶20)	
加样	A$_{对}$	A$_{样}$	B$_{对}$	B$_{样}$	C$_{对}$	C$_{样}$	D$_{对}$	D$_{样}$
酶液(mL)	2.00	2.00	2.00	2.00	2.00	2.00	2.00	2.00
2mol/L NaOH(mL)	0.50	—	0.50	—	0.50	—	0.50	—
35℃预热 10min								
5%蔗糖(35℃)(mL)	2.00	2.00	2.00	2.00	2.00	2.00	2.00	2.00
加入蔗糖,立即摇匀开始计时,35℃准确反应 3min								
2mol/L NaOH(mL)	—	0.50	—	0.50	—	0.50	—	0.50
总体积(mL)	4.50	4.50	4.50	4.50	4.50	4.50	4.50	4.50

从每管中取出 0.5mL 反应液($V_{测}$)进行还原糖的测定,方法和 1 所述相同,如果测得的 OD 值不在标准曲线范围内,则可增加或减少取样量,直到 OD 值在标准曲线范围内为止。计算 4.5mL 溶液中所含还原糖的量(以葡萄糖计),用表格记录下来。

(五)结果计算

1. 算出酶的活力单位数

蔗糖酶的活力单位定义为:在一定条件下(pH 为 4.6,温度为 35℃)在 3min 内能水解蔗糖成还原糖 1 毫克所需的酶量,成为 1 个活力单位。

$$总活力单位数 = \frac{m_g}{V_{测}} \times \frac{4.5}{2} \times V_{总} \times n$$

式中:m_g 为 $V_{测}$ 体积测出的葡萄糖的毫克数;n 为酶液稀释倍数;$V_{总}$ 为各种提取液在提取过程中得到的总体积。

2. 酶的回收率

酶的回收率=(各提取液的总酶活/初提液 A 的总酶活)×100%。

(六)注意事项

注意试剂的正确储存。